W0257898

Chronik

des

Deutschen Forstwesens

im Jahre 1883.

Bearbeitet von

W. Weise,

ord. Professor am Polytechnikum zu Karlsruhe u. Forstrath.

IX. Jahrgang.

Springer-Verlag Berlin Heidelberg GmbH 1884

ISBN 978-3-662-38946-1   ISBN 978-3-662-39897-5 (eBook)
DOI 10.1007/978-3-662-39897-5

Seinem Vater

Herrn Apotheker Weise

als treuem Freunde des Waldes und der Jagd

am 9. Februar 1884

gewidmet

vom Verfasser.

Inhalt.

1. Personalien.

1. Königreich Preußen:

Gestorben. Oberforstmeister Nobiling zu Trier.

Forstmeister: v. Massenbach zu Wiesbaden. Klingner zu Schleusingen.

Oberförster: Riedel zu Johannisburg. Rosch zu Klodnitz. Zitelmann zu Münster. Gadow zu Colpin. Mechow zu Jävenitz.

Pensionirt. Landforstmeister Haas zu Berlin.

Forstmeister: Barkhausen zu Hannover. v. Binzer zu Posen. Dossow zu Königsberg.

Oberförster: Gebauer zu Greiben. Klein zu Rotenburg. Wallmann zu Rüthnick. Gattermann zu Andreasberg. Liehr zu Hambach. Wegner zu Neubrück. Delbrück zu Siebigerode. Ostendorff zu Friedeburg. Niederstadt zu Grubenhagen. Lamprecht zu Bremervörde. Clausius zu Sobbowitz. Bornebusch zu Ilfeld. v. Stosch zu Lüdersdorf. Rese zu Neumünster. Müller zu Diezhansen. Beermann zu Dammendorf. Badenhausen zu Flörsbach.

Ernannt. Bei der Centralverwaltung: Die Oberforstmeister Donner und Wächter zu Landforstmeistern mit dem Range der Räthe II. Classe. Janisch, Oberforstmeister zu Kassel zum Oberforstmeister mit dem Range der Räthe III. Classe und vortragenden Rath. Oberförster Roloff, bisher zu Warnow, zum Forstmeister.

Bei den Provinzialverwaltungen: Zu Oberforstmeistern und Mitdirigenten: die Forstmeister Constantin zu Berlin, Schäffer zu Coblenz.

Zu Forstmeistern: Die Oberförster Leo zu Krascheow. Zangemeister zu Schelitz. Werner zu Pelplin. Bock zu Klooschen. Graf Bethusy-Huc zu Entenpfuhl. v. Bornstedt zu Lonau.

Den Character als Forstmeister erhielt: Oberförster Krieger zu Cöpenick.

Zu Oberförstern: Die Forstassessoren: Asmus. Conrad. Hühner (Fj.). Goecker. Schede (Fj.). Brinckmann. Rothe. Gericke. Schulz. Paetsch. Behrendt. Krumhaar (Fj.). Stenzel. Rahm. Schurian. Möhring. Kuhk. Hildebrandt. Kampmann (Fj.). Hoffmann. Schöpffer (Fj.). Pfannstiel. Roos. Gieße. Zais. Titze. Ilgen. Christ. Rasmus. Ebart (Fj.) Wickel. Gies. Mühlig=Hoffmann.

2. Königreich Baiern.

Gestorben. Forstmeister: Lips zu Weilheim. Banchero zu Kaufbeuren. Hauck zu Bamberg. Frhr. v. Geuder zu Dillingen. Forstrath Krempelhuber zu München. Endres zu Erbach.

Oberförster: Bauer zu Breitenbrunn. Lederer zu Oberbessen= bach. Ditthorn zu Schwifting. Casparé zu Langenberg. Schmitt zu Gößweinstein. Kiefhaber zu Dannenfels. Glaser zu Krausenbach. Henner zu Schernfeld.

Pensionirt. Forstmeister: Renner zu Dahn. Geib zu Neustadt a./H. mit dem Titel Forstrath.

Oberförster: Leo zu Schönenberg. Fleckenstein zu Schmal= wasser. Ilgmeyer zu Schlichtenberg. Chasselon zu Frankenreuth. Friedrich zu Pressath. Brückner zu Schnabelwaid. Wieland zu Sulz. Späth zu Eichstadt. Bergmann zu Hochberg. Ostermeier zu Osterhofen. Herlein zu Oberaudorf. Mathieu zu Isen. Särve zu Burglengenfeld. Lindemann zu Dürkheim. Pastawitz zu Rusel.

Ernannt. Zum Forstmeister: Die Oberförster Huber. v. Krafft=Delmesingen. Karl Mantel.

Zu Oberförstern: Forstamtsassistenten: Eisfelder. Leythäuser. Stark. Broeg. v. Arthalb. Federl. Heuner. Braza. Abele. Hessert. Gümbel. v. Kreß. Federl. v. Rehlingen.

3. Königreich Sachsen.

Gestorben. Oberforstmeister Fleck in Zschoppau. Die Ober= förster v. Zenker in Eibenstock, Schmidt in Wendischcarsdorf.

Pensionirt. Oberförster Scherel in Seidewitz.

Ausgeschieden. Oberförster Liebscher in Karlsfeld.

Entlassen. Oberförster Rosenbaum in Lohmen.

Ernannt. Zu Oberförstern: Die Forstingenieure Lasch. Gringmuth. Gehre. Die Förster Riedel. v. Oppen.

Zu Forstingenieuren: Die Assistenten Bretschneider, Flemming, Ranfft.

Zu Forstingenieur-Assistenten: Die Oberförster-Kandidaten Timaeus, Augst, Lingke.

Zu Förstern: Die Oberförster-Kandidaten Schlegel, von Schönberg.

4. Königreich Württemberg.

Gestorben. Oberforstrath a. D. Hahn in Stuttgart, Revier-förster Wagner in Wildenbruch und Hag in Crailsheim.

Pensionirt. Forstmeister Plochmann in Blaubeuren. Ober-förster Cronberger in Rinzingen.

Ausgeschieden. Revierförster Dr. von Bühler behufs Ueber-nahme der Professur am Polytechnicum zu Zürich.

Ernannt. Finanzassessor Sigel zum Kommandeur der württem-bergischen Forst- und Steuerwache.

Zu Revierförstern: Die Forstamtsassistenten Steinbronn in Waldenbuch. Baitenmann in Rinzingen. Hähnle in Crailshaim. Eisert in Waldenbuch.

5. Großherzogthum Baden für 1882/83.

Gestorben. Oberforstrath Wagner zu Karlsruhe[1]), v. Kageneck ebendaselbst. Forstrath a. D. Klauprecht.

Die Oberförster: v. Girardi in Steinbach. Künzer in Eppingen. Heinefetter zu Zell a. H. Guttenberg in Ettlingen. Köhler in Schwetzingen. Müller in Boxberg.

Pensionirt. Die Oberförster: Beideck in Stein. Zipperlin in Adelsheim. Kühnle in Rastadt. Kaiser in Sulzburg. Bach in Freiburg.

Ernannt. Forstrath Krutina zu Karlsruhe zum Oberforstrath.

Zu Forsträthen: Die Oberförster Schweickhardt zu Gengenbach, Mayerhöffer zu Offenburg.

Zu Oberförstern: Die Forstpracticanten Bartelmez, Herold, Burger, Heuß, Platz, v. Bodmann, Weismann, Buck, Ehrhard, Neuberger, Langenbach.

---

[1]) v. Baur Central-Bl. pag. 537.

6. Großherzogthum Hessen.

Gestorben. Geh. Staatsrath Meisenzahl zu Darmstadt. Geh. Oberforstrath a. D. v. Stockhausen zu Darmstadt. Forstmeister a. D. Klein zu Bessungen.

Pensionirt. Forstmeister Klein zu Groß-Gerau. Oberforstrevisor Schneider.

Die Oberförster: Stolze zu Oebisfelde. Drescher zu Zellhausen.

Ernannt. Oberforstrath Dr. Draudt zum Ministerialrath bei dem Ministerium der Finanzen und zum Vorsitzenden der Abtheilung für Forst- und Kameral-Verwaltung. Oberförster Frey zum Oberforstrath und vortragenden Rath bei vorgenannter Abtheilung. Ministerial-Secretair Strecker erhielt den Character als Domainenrath.

Zum Forstmeister: Oberförster Schenck zu Mitteldick.

Zu Oberförstern: Jagdjunker Dr. v. Eschwege zu Oebisfelde (Cabinetsgut). Die Forstaccessisten Spieler, Engel, Brill.

Nachtrag zu 1882. Gestorben. Forstmeister Jäger zu Fürth. Weidig in Darmstadt. Oberförster a. D. Eckstorm. Heß zu Darmstadt.

Ernannt. Oberförster Muhl zum Forstmeister. Forstaccessist Eckstorm zum Oberförster.

7. Großherzogthum Mecklenburg-Schwerin.

Gestorben. Revierförster Evers zu Neukloster. Holzwärter Knaak zu Hinter-Bollhagen.

Pensionirt. Oberforstmeister Schröder zu Dargun. Revierförster Schröder zu Moidentin. Holzwärter Köpping zu Wilmshagen.

Ernannt. Forstassessor Revierförster Angerstein zum Forstmeister in Dargun.

Zu Revierförstern: Forstassessor Garthe. Stationsjäger Dorwaldt und Prillwitz.

Zu Holzwärtern: Die Revierjäger Wülferling, Schütz, Wulff. Revierförster Wiegandt erhielt den Titel Oberförster.

8. Großherzogthum Sachsen.

Gestorben. Oberförster Pühn in Kronspitz.

Pensionirt. Geheimer Finanzrath und Oberforstrath Schweitzer

in Weimar, Referent für Forstangelegenheiten im Ministerial=
Departement der Finanzen.

Ernannt. Oberjägermeister und Forstinspektor von Strauch in
Eisenach zum Referenten in Forstangelegenheiten beim Ministerial=
Departement der Finanzen und zum Vorstand der neuerrichteten
Forstinspektion zu Weimar.

Oberförster Wittich in Ruhla zum Forstinspektor in Eisenach.

Zu Oberförstern: Forstassistent Steinmetz in Kronspitz und
Forstassistent Hercht in Ostheim a. d. Rhön.

9. Großherzogthum Oldenburg.

Gestorben. Oberforstmeister Tischbein.

10. Großherzogthum Braunschweig.

Gestorben. Oberförster Langenberg zu Runstedt.

Pensionirt. Die Forstmeister: Lincker zu Königslutter.
Alers zu Helmstedt.

Die Oberförster: Schreiber zu Boffzen. Siemens zu
Lichtenberg.

Ernannt. Zum Forstmeister: Oberförster Wolff II. zu
Harzburg.

Zu Oberförstern: Die Assistenten Groschupf, Vieth, Bode,
Lindenberg und Werner.

11. Herzogthum Anhalt.

Pensionirt. Oberförster Bornemann in Tilkerode (Revier zu
Neudorf gelegt).

12. Fürstenthum Schwarzburg-Sondershausen.

Gestorben. Forstinspector Heinemann zu Holzengel.

13. Oesterreich.

Pensionirt. Forstmeister Hollan zu Göding. Forstoberingenieur
Ronbineck zu Salzburg. Forstinspector Weeber in Brünn. Forst=
meister Worlitzky in Auhof (demnächst gestorben). Oberförster Hoch=
leitner in Mairhofen. Werfer in Imst. Forstinspecktor Klement in
Innsbruck. Forstrath Pompe in Böhmisch Kamnitz. Forstmeister
Weber in Rozneital.

Gestorben. Forstmeister a. D. Herold in Wien. Ministerial=
rath von Peyrer. v. Dobrzyniecki, Förster zu Lemberg. Ober=
förster a. D. Chertek. Forstadjunct Zelenka. Oberforstingenieur a. D.

Roubinek. Oberförster Hahn in Joachimsthal. Waldmeister a. D. Pallas zu Troppau. Oberförster Müller in Maria-Elend.

Ernannt. Finanzrath Schindler zum Forstrath. Rust zum Forst- und Jägermeister in Laxenburg. Dworzak zum Oberforst-ingenieur zu Salzburg. Straschilek zum Förster in Tamsweg. Pelzl zum Forstmeister in Göding. Rauch zum Oberförster in Pöggstall. Hampl zum Forstmeister in Domauschitz. Hofrath Pichler ist die Führung der Hofjagdregie übertragen. Heller zum Oberförster in Dora. Professor Kestercauek zum Oberförster. Paul zum Forstmeister in Auhofe. Glanz zum Director der Forst- und Domainen-Direction zu Lemberg. Pfob zum Forstrath bei der Regierung f. Bosnien. Seitner zum Forstcommissar in Tirol. Heger zum Förster in Hintersee. Woitech zum Förster in Lokva. Oberförster de Ben-Henriquez-Welsheimb zum Vice-Forstmeister. Förster Sperls-bauer zum Oberförster in Mürzsteg. Rotter zum Forstcommissär in Innsbruck. Dollezal zum Förster in Lopianka. Mahr desgl. in Krasna. Förster Hirsch zum Oberförster und Leiter der Forstwart-schule in Bolechov.

14. Schweiz.

Gestorben. Forstinspector Kern in Interlaken. Prof. Dr. Heer in Zürich.

Zurückgetreten. Bezirksförster Tigel in Lichtensteig.

Gewählt. v. Opelli-Zürich zum Forstmeister des IV. Züricher Forstkreises. Kurriger zum Forstinspector des Kreises Unterwallis.

Veränderungen sind nicht vorgekommen in Elsaß-Lothringen, Mecklenburg-Strelitz, Schaumburg-Lippe, Lippe-Detmold, Reuß ä. L., Coburg-Gotha. Aus den übrigen Staaten liegen Nachrichten nicht vor.

In dem Personalstatus der forstlichen Lehrinstitute sind folgende Veränderungen vorgekommen:

1. Forstakademie Eberswalde.

An Stelle des aus dem Preußischen Staatsdienst ausgeschiedenen Forstmeisters Weise ist Oberförster Hellwig, bisher zu Plietnitz, zum Dirigenten der forstlichen Abtheilung des Versuchwesens und dritten forstlichen Lehrer unter der Verleihung des Charakters als Forst-meister ernannt.

2. Forstakademie Münden.

Professor Dr. Mitscherlich hat sein Lehramt niedergelegt und ist aus dem Staatsdienst ausgeschieden. Für ihn ist Dr. Daube zum Professor der anorganischen Naturwissenschaften ernannt. Neuberufen ist Dr. Hornberger. Dr. Daube liest künftig Chemie, Mineralogie, Geologie, während Dr. Hornberger die Standortslehre und den Vortrag über ausgewählte Kapitel der Physik und Meteorologie übernimmt.

3. Forstlehranstalt Aschaffenburg.

Oberförster Dr. Weber ist nach München berufen, für ihn hat Oberförster Eßlinger den Vortrag über Waldwegebau und den Antheil an den practischen Demonstrationen im Walde übernommen. Durch Anstellung des Assistenten Gümbel als Oberförster ist sodann das Fach für Planzeichnen neu zu besetzen.

4. Universität München.

Professor Dr. Gustav Heyer starb am 10. Juli[1]), Ersatz für ihn ist z. Z. noch nicht gefunden. Für Professor Dr. v. Kobell[2]), welcher am 12. November 1882 gestorben ist, hat Prof. Dr. Groth die Vorlesungen über Mineralogie übernommen. Oberförster Dr. Weber hat die früher durch Roth vertretenen Fächer, Forstpolizei und Forstgeschichte, erhalten und liest außerdem noch über Staatsforstverwaltungslehre. Der Vortrag v. Kobells über Jagdkunde und Geschichte der Jagd ist bisher nicht wieder vergeben. Assistent Braza ist als Oberförster in die Praxis zurückgetreten.

5. Forstakademie Tharand.

Am 30. Juni trat Geh. Hofrath Preßler, am 1. October 1883 Geh. Hofrath Stöckhardt in den Ruhestand. Um das Andenken der scheidenden ältesten und hochverdienten Kollegen in einer Art und Weise zu ehren, daß dasselbe nicht blos durch die wissenschaftlichen Leistungen der Genannten, sondern auch persönlich an der Akademie Tharand ein unvergeßliches bleibe, beschloß das Lehrercollegium die Errichtung einer Preßler-Stöckhardt-Stiftung. (Thar. Jahrbuch von

---

[1]) Allg. F.- u. Jztg. pag. 288, 353, v. Baur Centralbl. 484, Z. f. F. u. J. pag. 458, F.-Bl. pag. 285, Oest. Forsztg. Nr. 29, Oest. V. pag. 203, v. Seckendorffs Centralbl. pag. 416, Schweiz. Z. pag. 217.

[2]) v. Baur Centralbl. pag. 133.

1884 pag. 87). Die Universität Gießen ernannte Preßler zum Ehren=
doctor der philosophischen Facultät. An Stelle P.'s wurde Professor
Dr. Weinmeister berufen und fand eine neue Theilung der Lehr=
gegenstände zwischen diesem und Professor Kunze und Krutzsch statt.
Dr. W. liest: Allg. Mathematik, Physik, Mechanik, Differential
und Integralrechnung; Professor Kunze: Forstmathematik, Vermessungs=
kunde, Wegebau, Zeichnen, Uebungen; Professor Dr. Krutzsch giebt
die Physik ab. Die Vorlesungen von Stöckhardt hat Professor
Dr. von Schröder, der bisher als Assistent im chemischen Laboratorium
wirkte, übernommen. An Stelle des Amtsrichters Rudolph ist dem
Amtsrichter Scheufler der Vortrag über Rechtskunde übertragen.

6. Universität Tübingen.

Forstmeister Graner aus Sulz a. Neckar hat einen Lehrauftrag
für Forstbenutzung und württembergisches Forsteinrichtungsverfahren
erhalten. Forstrath Professor Dr. v. Nördlinger giebt den Vortrag
über Forsteinrichtung ab, diesen übernimmt Professor Dr. Lorey und
verliert dafür seinerseits die Forstbenutzung.

7. Polytechnikum Karlsruhe.

Forstrath Professor Dr. Vonhausen[1]) ist am 28. Juni gestorben.
Für ihn ist Forstmeister Weise aus Eberswalde berufen und über=
nimmt dieser die Vorträge über Waldbau, Forstschutz, Forstbenutzung,
Forstgeschichte und Jagdwirthschaftslehre. Für Wiesenbau hat der
Kultur=Inspector Drach zu Karlsruhe und für Bodenkunde Dr. Kelbe
Lehrauftrag erhalten. Die Naturgeschichte der Waldbäume trägt in
Zukunft der Professor der Botanik Dr. Just vor. An Stelle des
Professors Dr. Sohnke ist Professor Dr. Braun berufen und hat dieser
auch den Unterricht in der Meteorologie übernommen.

8. **In Weißwasser** sind die bisher von Purkyne allein ver=
tretenen Fächer zwei Lehrkräften überwiesen. Professor Perina über=
nimmt Physik, Meteorologie, Chemie, Bodenkunde und die Leitung
des chemischen Laboratoriums; Professor Dr. Sallac Zoologie, Botanik,
Mineralogie, und die Sorge für die bezüglichen Lehrmittel.

---

[1]) Allg. F.= u. J. pag. 288, Oest. F.=Z. Nr. 42, F.=Bl. pag. 284, Z. d.
d. F.=B. pag. 368.

2. Witterungsbericht.

Das Jahr 1882 hatte uns eine schlimme Erbschaft hinterlassen: die Hochfluthen der deutschen Ströme namentlich des Rheins. Mit banger Sorge horchte ganz Deutschland auf die in rascher Folge sich drängenden Hiobsposten, mit banger Sorge sah es den Himmel immer wieder sich bewölken und den unaufhörlichen Regen herniederfallen. Ausgedehnt und groß ist der Schaden gewesen, den die überschwemmten Gegenden erlitten, gemildert aber wurde er schnell durch die mit ihm wachsende energische Hülfe. Wohl ist lokal unwiederbringlicher Verlust durch Versandung und Auskolkung eingetreten, im Allgemeinen aber sind die Hauptspuren bereits wieder verwischt und überall sind Arbeiten angeregt oder im Gange, welche ähnlichen Gefahren nach Möglichkeit vorbeugen sollen. Januar und Februar wechselten häufig mit Frost und Thauwetter, zeigten aber im Allgemeinen einen milden Character. Nicht günstig wirkte hingegen der März, indem er uns heftige Baarfröste brachte, Baarfröste, die um so schlimmer wirkten, als sie von austrocknenden Winden und sonnenhellen Tagen begleitet waren. Aller Orten zeigte sich in den Nadelholzkämpen, daß solche Witterung überaus gefährlich ist, gefährlich für die heimischen und fremden Zöglinge. Außerordentlich viel bis dahin gesundes Material wurde krank, verlor schließlich die Nadeln und war zu weiterer Verwendung untauglich.

Weitere Verlegenheiten wurden der Wirthschaft dadurch bereitet, daß die Erde tief gefror und die Sonne bis in den April hinein nicht Macht genug hatte, das Eis aufzuthauen. Die Kulturzeit verkürzte sich dadurch.

Bis zum Anfang Juli haben wir dann ein auffallend trockenes Wetter zu verzeichnen. Es schien, als sollte das, was der Winter zuviel gebracht hatte, wieder eingespart werden. Im Mai wurde der Niederschlag in Etwas ersetzt durch starken Morgenthau, leider hörte dieser aber im Juni auf und damit wurde die Wirkung der Trockenheit regional namentlich für die Feldfrüchte verhängnißvoll. Dem Mai können wir noch nachrühmen, daß er nur geringe und locale Fröste brachte. Vieler Orten prangte denn auch der Wald in einem Laubkleide, wie wir es seit vielen Jahren nicht in gleicher Schönheit gesehen hatten.

Die Baumblüthe verlief im Ganzen gut, die Obstbäume setzten bei reichem Blüthenschmuck voll an. Die Blüthe der Waldbäume war nur local eine volle, wie sich das ja auch kaum anders nach dem kalten nassen Sommer des Jahres 1882 erwarten ließ.

Der Juli blieb dem Character treu, den er seit einer Reihe von Jahren gehabt hat, er brachte die Regenzeit des Sommers und dadurch den reifen Feldfrüchten großen Schaden. Mit dem August wurde das Wetter wieder normaler, zur Hühnerjagd sogar recht warm.

Der Herbst hat ein sehr verschiedenes Gesicht angenommen. In Norddeutschland war man nicht mit ihm zufrieden. Er brachte viel Feuchtigkeit, schon im September strichweise Reif und im October Frostnächte. In Süddeutschland wechselten dagegen kurze Regen= perioden mit längeren trockenen und warmen ab. Auch der December blieb hier so, wenn man von einem kurzen und ziemlich intensiven Frost absieht. In Norddeutschland konnte der Winter ebenfalls auf die Dauer nicht festen Fuß fassen, immer wieder setzten westliche Winde mit reichlichen Regenmengen ein und zerstörten schnell das kaum im Entstehen begriffene winterliche Bild.

Hohe Aufmerksamkeit erregte im December das bald durch ganz Deutschland, bald nur auf engerem Gebiete auftretende intensive Leuchten des Himmels vor Sonnenaufgang und nach Sonnen= untergang.

3. Aus Wirthschaft und Wissenschaft.
a) Waldbau.
Selbstständige Werke: [1)]

a. Palandt, Der Haselstrauch und seine Kultur. Berlin, Parey.

b. Pittius, Die Kenntniß der wichtigsten Waldbäume und die Bewirth= schaftung der Kommunal= und Privatforsten. Leipzig, Wigand.

c. Schulzen, Korbweidencultur, Lehranstalt für Korbflechterei und die Weiden. Trier, Lintz.

d. Fürst, Die Pflanzenzucht im Walde. Ein Handbuch für Forst= wirthe, Waldbesitzer und Studirende. Berlin, Springer.

[1)] Die Literaturnachweise umfassen in Ergänzung des VIII. Heftes der Chronik auch das Jahr 1882.

e. Martin, Dr. H., Oberförster, Die Forstwirthschaft des isolirten Staates und ihre Beziehungen zur forstlichen Praxis. Münden, Augustin.

f. Die forstlichen Verhältnisse des Karstes mit besonderer Berücksichtigung des österreichischen Küstenlandes. Von Hermann R. v. Guttenberg, k. k. Forstrath. Triest 1882. Julius Dase.

g. Heß, Prof. Dr., Rich., Die Eigenschaften und das forstliche Verhalten der wichtigeren in Deutschland vorkommenden Holzarten. Berlin, Parey.

h. Krahe, J. A., Lehrbuch der rationellen Korbweidencultur. Zugleich 2. gänzlich umgearbeitete Auflage der Korbweidencultur desselben Verfassers. Aachen 1883, Barth.

i. Kraft, Forstmeister, Gustav, Beiträge zur Lehre von den Durchforstungen, Schlagstellungen und Lichtungshieben. Hannover 1884. Klindworth.

k. Kaiser, Forstmeister, Beiträge zur Pflege der Bodenwirthschaft mit besonderer Rücksicht auf die Wasserstandsfrage. Berlin, Springer.

l. Meschwitz, Practische Erfahrungen im Bereiche des Cultur- und Forstverbesserungswesen. Dresden-Neustadt, Höckner.

m. Dr. Angerer, Die Waldwirthschaft in Tirol. Bozen 1883. F. H. Promperger.

n. Rohracher, Josef A., Die Hochwasserverheerungen im Pusterthale im Jahre 1882.

o. Seckendorff, A. v., Ueber die wirthschaftliche Bedeutung der Wildbachverbauung und Aufforstung der Gebirge. Vortrag. Wien, Wilh. Frick.

p. Breitenlohner, Wie Murbrüche entstehen, was sie anrichten und wie man sie bändigt. Vortrag. Wien, Wilh. Frick.

Wie lebhaft die Sorge um die Erhaltung des Waldes durch einen fleißigen Culturbetrieb ist, geht am besten aus dem Eifer hervor, mit dem Culturfragen in Vereinen und Zeitschriften besprochen wurden. Oberförster Neumann-Grünfelde neigt zu etwas pessimistischer Auffassung der Erfolge, ist aber eifrig bemüht die tieferen Ursachen für das angebliche Darniederliegen des Culturbetriebes aufzusuchen (Da.

3. pag. 401) und wirft dabei sehr beachtenswerthe Schlaglichter auf Verhältnisse, die scheinbar auch nicht im Zusammenhange damit stehen. Er zeigt z. B., daß durch Steigerung der Taxen für geringe Sortimente, der Taxen für Weide und Heideeinmiethe, durch Beschneiden der Lohnsätze, der bisher ständige Arbeiter langsam aber sicher zum Walde herausgedrängt wird. N. verlangt jedoch nicht nur Stetigkeit in dem Personal, sondern auch Stetigkeit in der Art des Culturbetriebes und Stetigkeit in den anzuwendenden Instrumenten; denn mehr noch als bei der Landwirthschaft ist im Walde die Uebung die Bedingung zur Meisterschaft. — Den Förstern soll in den Ausbildungsjahren gleichmäßig gute Gelegenheit gegeben werden sich zu informiren. Bei Ausführung der Culturen müssen sie sich denselben vollständig widmen können. Sehr beachtenswerth ist, was N. über die Dotirung der schwierigen Culturbeläufe sagt. Sie besitzen an und für sich selten für irgend Jemand eine Anziehungskraft, man soll ihnen solche durch eine ausgiebige Ausstattung mit gutem Dienstlande und hinreichend großen Gehöften geben. — Hervorragend tüchtigen Leuten muß man Gelegenheit geben, weiter zu kommen. N. wünscht deshalb die Revierförsterstellen ausschließlich den Förstern zu belassen, ihnen aber auch die Rendantur und das Secretariat zu eröffnen. — Die Oberförster sollen dem Walde und seinem Dienste wieder mehr, als zur Zeit der Fall ist, zurückgegeben werden. Von großem Interesse ist die Vergleichung der Arbeitslasten des Revierverwalters von Grünfelde im Jahre 1860 und Jahre 1880. Trotz der Verkleinerung des Revieres ist die Last der reinen Reviergeschäfte gewachsen, dann sind aber noch die Geschäfte eines Gutsvorstehers, Amtsvorstehers und Standesbeamten hinzugetreten und um uns einen Einblick zu verschaffen, was alles durch diese gefordert wird, ist ein Terminkalender abgedruckt. „Daß der Wald bei dieser Vielgeschäftigkeit nicht gerade am besten versorgt ist, versteht sich von selbst, indeß es handelt sich hier nicht um Wünsche, sondern um vollendete Thatsachen, denen auch ich mich beuge; ich frage nur: wie soll der Oberförster bei einer solchen Geschäftslast seinen Pflichten genügen?! und komme damit zur wichtigsten aller gegenwärtigen forstlichen Fragen, nämlich zur Secretairfrage." An der Secretair=Calamität krankt die heutige Revierverwaltung und

es ist deshalb durchaus nothwendig, daß die Lösung endlich einmal herbeigeführt wird.

Viel Aufsehen hat v. Dückers Beantwortung der Frage erregt, ob die Pflanzung junger Kiefern mit entblößter Wurzel eine empfehlens= werthe Cultur=Methode sei, (pag. 65 d. Da. Z.). An der Hand von eigenen Beobachtungen ist v. D. zu folgenden Sätzen gekommen: Die Pflanzung von Kiefern mit entblößter Wurzel ist für Privatbesitzer, welche in ganz kurzen Umtrieben wirthschaften, also mit 30—40 Jahren schon wieder abtreiben wollen, insbesondere bei Aufforstungen von ausgenutzten Ackerländereien nicht zu verwerfen. Auch der Staatsforstwirth mag bei Aufforstung von Ackerland und bei der Wiedercultur von Flächen mit geringster Bodenqualität zur Pflanzung greifen, wenn er sich darauf gefaßt macht resp. es zulässig erscheint, gewissermaßen nur eine Vorkultur, vielleicht zum Schutze gegen Wind oder zur Deckung von Sandschollen und Dünen auszuführen. Immer wird er aber von vornherein darauf verzichten müssen, standortsgemäße, wetterständige und eine normale Nutzholzausbeute gewährende Bestände von natürlichem Haubarkeitsalter aus der Pflanzung heranzuziehen. Als eine empfehlenswerthe Culturmethode zur Wiederaufforstung der Abtriebsflächen in unseren Kiefernforsten kann die Pflanzung mit entblößter Wurzel nicht bezeichnet werden. Je eher wir dieses Verfahren, durch welches wir unsere Nachkommen schädigen, wieder aus den Wäldern beseitigen, um so besser ist es.

In der sich an diese Publication anschließenden Debatte ist die überwiegende Mehrzahl der Meinungen v. Dücker nicht beigetreten. Dem Mecklenburgischen Forstvereine wurden zur Beurtheilung der Thesen 152 ausgegrabene Wurzelstöcke vorgelegt. Dieselben waren verschiedenen Altersklassen entnommen und innerhalb jeder dominirende, zurückbleibende und endlich unterdrückte, absterbende und abgestorbenen Stämme getrennt gehalten. Auf Grund dieses Materials konnte Forstassessor Garthe als Referent mit der Reserve, daß die Unter= suchungen nicht umfangreich genug seien, den Schluß ziehen, daß in der Altersklasse bis zu 9 Jahren die Mißbildungen besonders markirt hervortreten und ein großer Theil der Pflanzungen dem unachtsamen Pflanzen zum Opfer fällt. Bei den 10—15 jährigen Stämmen ist die flache handförmige Bewurzelung bei den unterdrückten sichtbar, bei noch älteren dagegen das Wurzelsystem ein fast regelmäßiges, nur ein Absatz in der Nähe des Wurzelstockes deutet die frühere Anormalität an. Aus der Mitte der Versammlung wurde auf Grund örtlicher Untersuchungen constatirt, daß die Kiefer mit den Jahren ihr Wurzelsystem zu reguliren und auszucuriren im Stande ist. (Da. Z. pag. 452.)

Auch vor dem pommerschen Forst-Verein verhandelte man das v. Dücker'sche Thema. Während Oberförster Logefeil mehr nach der Dückerschen Seite zu neigen scheint, Oberförster Balthasar darüber zweifelhaft ist, ob Saat oder Pflanzung größeren Erfolg hat, constatirt Oberförster Uth, daß auf den ehemaligen Raupenfraßflächen von Pütt alle Culturmethoden nur wenig geschlossene Bestände lieferten. Der Pflanzenabgang durch Agaricus melleus ist sehr stark. Oberforstmeister Küster spricht sich dagegen ganz entschieden für die Zulässigkeit der Pflanzung aus und sucht den Grund für die traurigen Waldbilder, die v. Dücker vor Augen hat, in der An= wendung des Marieenwerder Stieleisens. K. steht auch heute noch auf dem Standpunct, den er früher eingenommen, nämlich, daß die Pflanzung einjähriger Kiefer durchaus nicht das einfache Ding ist, als welches es oft angesehen wird. Sie kann nur gedeihen, wenn vor der Ausführung eine ordentliche Lockerung des Bodens statt= findet, wenn mit einem Instrumente gepflanzt wird, was die Wurzel nicht quetscht, wenn die Pflanzen nicht in dem Wassertopf liegen. Für bedenklich hält K. die Pflanzung von zweijährigen verschulten Kiefern mit entblößter Wurzel, für verfehlt die Kürzung der Wurzel. Dem schlesischen Forst-Verein brachte Oberförster Engelken aus dem Breslauer Stadtwalde Stöcke von gepflanzten Kiefern mit, welche eine durchaus normale Wurzelbildung hatten. Auch hier wurde das Stieleisen als ein unbrauchbares Instrument verurtheilt. Man kam darin überein, daß es verdienstvoll von v. D. sei, auf manche Uebelstände aufmerksam gemacht zu haben, daß seine Forderungen aber viel zu weit gehen. (Da. Z. pag. 538.) Ein weiteres ge= wichtiges Wort gegen v. Dücker legt dann Oberforstmeister Müller= Merseburg ein. Er findet, v. D. sei den Beweis dafür, daß ein= jährige Kiefern auch in tiefgelockertem Boden mit Aussicht auf günstigen Erfolg sich nicht verpflanzen lassen, schuldig geblieben, und vermißt Vorschläge über den Ersatz der Pflanzung durch ein anderes Culturverfahren für die unzähligen Fälle, wo die alten Samenbäume vergeblich auf eine natürliche Verjüngung warten lassen oder die wiederholten Saaten andauernd mißlungen und die Schonungen schließlich nur durch einjährige Kiefern in Bestand gebracht sind. (Da. Z. pag. 263.) Entgegen den v. Dücker schen Ansichten und mehr in Uebereinstimmung mit den Garthe schen Untersuchungen con=statirte endlich Oberförster Bekuhrs, daß die behauptete Mißbildung der Wurzel sich später verliere und beispielsweise in 10= und 12jährigen Pflanzungen nicht mehr gefunden ist. (Da. Z. pag. 214.) Auch Oberförster v. Bernuth (das. pag. 215) spricht sich auf Grund langjähriger Erfahrung für die Anwendbarkeit der Pflanzung aus.

Forstmeister E. Heyer (Oe. F.) theilt seine Erfahrungen über Aufbe=wahrung und Aussaat von Baumfrüchten mit. Danach sollen Eicheln ver=mischt mit Sand aufbewahrt werden. Eigenthümlich ist das Verfahren, wie für die Durchlüftung und Entwässerung der cylinderisch geformten Gruben gesorgt wird. Die Resultate werden als sehr gut geschildert. Die Aussaat muß gleich nach dem Aufbrechen der Gruben geschehen und ist Schutz gegen Austrocknung und Erhitzung der herausgebrachten Eicheln nöthig. Die Saatbeete sollen im Herbst vollständig zubereitet sein. Gleichzeitig ist Erde zur Bedeckung des Samens auf Haufen zu bringen und diese zum Schutz gegen Regen und Frost mit einer hohen Schicht von Fichten= und Kiefernreisern zu belegen. Die Aussaat erfolgt mit Beginn des Keimens, gleichviel ob die Beete noch sehr naß, mit Schnee und Eis bedeckt oder fest gefroren sind. Dem Legen der Eicheln und dem Ueberschütten mit der trocken und ungefroren gebliebenen Deckerde steht ja nichts im Wege.

Die Ueberwinterung der Bucheln hält H. für schwieriger, die Hauptregel bleibt daher Herbstsaat. Müssen Bucheln aber einmal überwintert werden, so sind auch sie in Sand einzuschlagen, aber oberirdisch, nicht in Gruben aufzubewahren. Die Saatbeete sind unter Kiefernschutzbestand anzulegen.

Erlenbeete sollen durch Vollsaat hergestellt werden und Schutz gegen Frost durch Decken bei Nacht erhalten. Die Arbeit kann erspart werden, wenn man die Beete auf feuchten humosen Stellen des Kiefernwaldes anlegt.

Ein andres Verfahren Eicheln und Bucheln aufzubewahren bringt die Oe. F. Z. No. 14. Danach hat man einen Platz im Besamungs=schlage einzurichten und in die mit dem Rillenzieher etwas durch=furchte Erde Giftwaizen einzustreuen. Dann folgt der abgeluftete Same und obenauf Laub. Diese Decke wird nach Weggang des Schnees noch verstärkt und soll dann die Keimung zurückhalten.

Versuche über Quellung und Keimung der Waldsamen theilt Dr. Möller=Wien mit (v. S. C. pag. 9). Danach genügt für viele Körner eine nur wenige Stunden dauernde Ueberfluthung, um das Keimvermögen zu vernichten. Wo es nach Ablauf dieser Zeit noch erhalten blieb, wird es erst nach längerer Zeit zerstört. Man würde also durch Anwendung des Samen=Quellens sich ein Urtheil auch über die Lebensenergie der Samen verschaffen können.

Die Unterscheidungsmerkmale der vollkommen reif und der vor=zeitig gepflückten Kiefern=Zapfen sind in Da. Z. pag. 158 und 573 besprochen. Keller=Darmstadt giebt auf Grund 40jähriger Er=fahrung sein Urtheil dahin ab, daß der Stiel des Zapfens ein ganz sicheres Zeichen giebt. Ritzt man nämlich den Stiel eines frisch oder vor etwa 14 Tagen gepflückten Zapfens mit dem Fingernagel, so erscheint die Rinde frisch oder saftgrün, ist der Zapfen früher ge=brochen, so ist der Stiel welk und braun oder ganz abgestorben. In der Oe. F. Z. No. 4 ist von Biscup die Dauer der Keimkraft des Kiefernsamens dahin angegeben, daß von einer und derselben Menge ungeflügelten Samens im 1. Jahre 100, im 2. Jahre 88, im dritten aber nur noch 36, und 19 und 2 Pflanzen im je folgenden Jahre aufgingen.

Eine ganze Reihe von neuen Culturgeräthen ist beschrieben worden und bringen wir eine kurze Uebersicht in dem Abschnitte aus der forstlichen Geräthekammer.

Die Bestrebungen Oedländereien aufzuforsten haben angedauert. In Hannover hat sich ein neuer Verein gebildet, der die Aufforstungen als eine seiner Hauptaufgaben betrachtet. Der Haide=Cultur=Verein in Schleswig=Holstein zählte am 1. Januar 1883 nicht weniger als 2107 Mitglieder und beliefen sich die Einnahmen, welche 1883 für die Lösung der Vereinsaufgaben verwendet werden konnten, auf 15743 Mark.

Aus den Verhandlungen des Elsassischen Forst-Vereins erfahren wir durch Oberförster Kahsing, daß in den Vogesen noch 47000 ha Oedland vorhanden, die Mittel zur Aufforstung aber leider ganz unzureichend sind. Die Bewaldungsfrage für die kahlen Höhen im Vogelsgebirge wurde im hessischen Forst-Verein zu keinem Abschlusse gebracht, vielmehr konnte der Vorsitzende das Ergebniß der betr. Debatten dahin geben, daß die Frage zur Zeit noch als eine offene zu betrachten sei. (Allg. F. pag. 350.)

Einen Einblick in die Schwierigkeiten der Baumpflanzung an den Nordseeküsten erhalten wir durch Oberförster Gerdes zu Jever. (Allg. F. pag. 3.) Der hohe Salzgehalt der Seewinde und ihre Stärke läßt den Holzwuchs nur schwer aufkommen. Auch der Boden muß erst durch tiefe Lockerung und Mischung mit Sand besonders hergerichtet werden. Als Holzarten kommen in Betracht: Ulme, Esche, Ahorn, Pappel und Weide in erster, und in zweiter Linie: Linde, Kastanie, Erle, Birke und Wallnuß. Die Nadelhölzer sind auf dem Marschboden nicht heimisch, kommen jedoch auch fort. Die Ulme wird aus Senkern und Wurzelbrut, seltener aus Samen erzogen.

Der Karst ist wiederum viel besprochen und hat dazu namentlich die von Guttenberg'sche Schrift: Die forstlichen Verhältnisse des Karsts mit besonderer Rücksicht des österreichischen Küstenlandes beigetragen. Der V. behandelt darin die Ausdehnung des Karstes, die Bildung desselben, den Stand der jetzigen und früheren Bewaldung, die ausgeführten Culturmaßregeln u. a. Diese und alle übrigen bezüglichen Publicationen lassen erkennen, daß zur Herbeiführung der jetzigen Zustände namentlich die rücksichtslose Ausübung der Weide zumal mit Kleinvieh beigetragen hat, und daß auch jetzt noch die Bevölkerung vielfach im Verkennen ihrer eigenen Interessen den Bewaldungsversuchen feindlich gegenübersteht. Sie meint durch Verlust von Weideterrain ohne Ersatz geschädigt zu sein. Und doch bleibt eine strenge Hegung des Karstgebietes die beste Culturmaßregel. Bezüglich der Art der Aufforstung weist v. Fischbach auf den Niederwaldbetrieb hin als auf einen solchen, von dem aus man dann zum Mittel- und Hochwalde übergehen könne. Er ermögliche frühzeitige Nutzungen neben langsamer für den jeweiligen Nutznießer minder empfindlicher Ansammlung des zum Mittel- und Hochwald nöthigen Vorrathskapitals. v. Guttenberg erhebt dagegen den Einwand, daß die Laubholzculturen auf dem Karste völlig mißlungen sind, während die Culturen mit Nadelholz namentlich der Schwarzföhre anschlagen. (Allg. F. u. J. pag. 345 v. S. C. Bl. pag. 65, 372.)

Vom theoretischen Standpuncte behandelt (Da. Z. pag. 426) Oberförster Keßler-Königswiese die Aufforstungsfrage und kommt dabei zu dem Satze: Absolut nothwendig und financiell rentabel ist die Aufforstung von Oedländereien nicht. Er schildert dann mit welchen hohen Schwierigkeiten der Culturbetrieb auf den berüchtigten Strecken des Tucheler Oedlandes zu kämpfen hat, wie sehr man die hohen Erwartungen zurückschrauben und oft zufrieden sein muß, wenn es gelingt, einen einigermaßen geschlossenen, wenn auch kurzwüchsigen und kusselartigen Bestand zu erziehen. Man soll daher mit Vorsicht an solche Unternehmungen herantreten. Wo man aber einmal Oedlandaufforstungen für zweckmäßig und räthlich erachtet, da braucht auch der Kostenpunct nicht abzuschrecken. Die Maßregel ist dann vom Standpuncte des Opfers aufzufassen, welches zum Besten einzelner, von der Natur vernachlässigter oder von menschlicher Kurzsichtigkeit benachtheiligter Landstriche gebracht wird. Nun, die „Aufforstungsfrage" wird noch lange Jahre die forstliche und nichtforstliche Welt in Athem halten. Berechnet doch die Oe. F. Z. die Fläche, die möglicherweise in Betracht kommen kann, für ganz Europa auf nicht weniger als 800,000 Quadratkilometer.

Der Wald und Holzwuchs der Hochlagen in den deutschen Gebirgen ist wohl überall jetzt vor einer Devastation gesichert; beide stehen z. Z. nicht allein unter speciell forstlicher Obhut, sondern auch unter der Fürsorge der öffentlichen Meinung. Von der Bewirthschaftung der Knieholzbestände auf dem Kamm des Riesengebirges erfahren wir durch den schlesischen Forst-Verein, daß ein Abtrieb nicht mehr stattfindet, nachdem man die Schwierigkeiten der Wiederbewaldung kennen gelernt hat. Die Verjüngung geschieht auf natürlichem Wege, neuerdings auch durch Pflanzung. Saaten haben keinen Erfolg gehabt. Der vor zwei Jahren in politischen Zeitungen besprochene Ruin der Bestände durch den Fraß der großen Kiefernraupe, ist in Wahrheit ein ausgedehnter Fraß von Lophyrus similis und Cecidomyia brachyntera gewesen, der aber in seinen Folgen glücklicherweise sehr milde war.

Die Bewirthschaftung des Schutzwaldes am Rennsteige in Sachsen-Gotha führt uns Oberforstrath Rausch vor. (Da. Z. pag. 177.) Dem Schutzwalde werden die hochgelegenen Bestände zugewiesen, um sie vorzugsweise plänternd zu behandeln. Der Schutzwald bleibt Wirthschaftswald d. h. Ertragsobject. Er ist es aber in dem eingeschränkten Sinne, daß Nutzung und Nachzucht so gehandhabt werden müssen, daß die schützenden Bestände an Widerstandsfähigkeit gegen die nachtheiligen athmosphärischen Einwirkungen gewinnen und der Betriebsgang in dem benachbarten Hochwalde vor Störungen möglichst bewahrt bleibt. Nach Besprechung der Standortsverhältnisse geht R. auf die geeignetsten Waldformen ein. Als passende Holzarten werden Fichte und Buche bezeichnet. Der Fichtenbestand der Hochlage liefert größere Massen und Geldertrag, als der Buchenbestand, ist aber weniger gesichert gegen Wind und Schneedruck. Langsamwüchsigkeit ist die Hauptanforderung, welche an den zur Schutzleistung bestimmten Höhenbestand um seiner eigenen Sicherheit willen gestellt werden muß. Die Buche erfüllt diese Forderung mehr, als die Fichte. Das beste Waldbild eines Fichtenschutzwaldes ist dann vorhanden, wenn die Altersklassen in kleinen Gruppen ein buntes Durcheinander zeigen, und sich zugleich die Nutzungsfläche auf zahlreiche, vorsichtig angelegte schmale Anhiebe vertheilt. Die Verwaltung ist bemüht durch wirthschaftliche Maßregeln — namentlich Trennungen — auch den nicht richtig angelegten Beständen, nachträglich eine geeignete Stellung zu geben. Die Neuanlage geschieht in freistehenden Horsten, innerhalb welcher dicht gepflanzt wird. — Von Interesse ist es auch zu hören, daß die Entwässerung der kleinen Hochmoore in der Nähe des Rennsteiges sehr übel auf die unterhalb befindlichen Fichtenmittelholzbestände wirkt. — Die Abnutzungssätze werden für den Schutzwald alle 10 Jahre von Neuem ermittelt. Bei dieser Gelegenheit wird eine systematische Waldbeschreibung angefertigt und der Hieb des letzten Decenniums rechnungsmäßig festgestellt. Die Culturen fallen in die letzten Wochen des Frühjahrs, die Fällung in den Sommer und Herbst.

Die beschriebene Schutzwaldform schilderte R. auch auf dem

Thüringer Forst=Verein. Oberforstmeister Meyer, wie Dr. Grebe äußerten ihre Ansichten hierbei dahin, daß man auf Feststellung der Jahresnutzung nicht sehr großen Werth legen könne und dürfe, da dieselbe rein den wirthschaftlichen Bedürfnissen angepaßt werden muß. Einig war man auch nicht über die Belassung der Moore ohne jede Entwässerung, sowie über die Abstände, welche den selbstständig bemantelten Horsten zu geben ist, dagegen wurde der Wichtigkeit der Bemantelung allgemein zugestimmt.

Von Interesse sind auch die Bestimmungen, die in Gotha bezüglich der Wirthschaft in Nadelwaldungen erlassen sind. Danach ist der Kahlhieb nur zugelassen (Allg. F. pag. 78) für diejenigen Fichten=Bestände, welche aus Kahlschlagbetrieb hervorgegangen sind und weniger als 20% eingesprengte Tannen, Buchen und Ahorne enthalten. Ist die Mischung stärker, so kann nur entschiedene Ungunst der Standortsverhältnisse oder wesentliche Ungleichmäßigkeit zum Kahlschlag führen. In reinen Tannenwaldungen finden wie im Buchenhoch=walde regelmäßige Schlagstellungen statt. Wo Randverjüngungen von Tannen und Buchen in Fichtenbeständen sich von selbst einfinden, ist denselben durch Nachlichtungen Vorschub zu leisten. An Stelle der Bestände, für welche der Kahlhieb zugelassen wird, erzieht man Mischbestände durch Voranbau von Tannen und Buchen, Ausbau der Bestandslücken, Begünstigung der Voranwüchse. Durch die Publication dieses Aufsatzes beabsichtigt der Verf. — Oberforstrath Rausch — zugleich der Ansicht entgegenzutreten, daß die Erhaltung und Nachzucht der Weißtanne auf dem Thüringer Walde überall geflissentlich an Terrain verliere. Die Leser der vorjährigen Chronik (cfr. pag. 27 das.) werden sich erinnern, daß Forstmeister Dr. Stötzer nicht viel von der Weißtanne erwartet. Auf obigen Aufsatz hin hat derselbe in einem weiteren seine Ansicht nochmals ausgesprochen. (Allg. F. u. J. pag. 220.) Auch Oberförster a. D. Trebsdorf schlägt sich als Unparteiischer (das. pag. 261) auf die Seite von Stötzer. Die Vorzüge der Fichtennachzucht seien unverkennbare. Was die Tannenzucht betrifft, so werden Jahre verstreichen, bevor der Zukunftswald das schön ge=färbte Bild davon zur Veranschaulichung bringen wird.

In die Verhältnisse der schweizerischen Privatforstwirtschaft läßt uns Landolt (Schw. Z. pag. 2) einen Einblick thun. Daraus geht hervor, daß der Besitz des Einzelnen zum großen Theile sehr kleine Flächen umfaßt und deshalb bei mangelnder Genossenschafts= bilduug nicht die höchstmögliche Nutzung gewährt. L. schätzt den Zuwachs bei dem jetzigen Zustande der Waldungen nicht höher als zu 3 fm pro ha oder 720 000 fm im Ganzen, während sie zu Ge= nossenschaftswaldungen vereinigt und planmäßig behandelt, mindestens 4 fm pro ha produciren, also 240 000 fm mehr abgeben könnten.

Die landwirthschaftliche Kommission des Kantons Zürich hat im Frühjahr 1882 Prämien für ausgezeichnete Leistungen auf dem Gebiete der Privatforstwirthschaft ausgeschrieben. Die eingegangenen Anmeldungen wurden durch eine Kommission geprüft und konnten danach 38 berücksichtigt werden. In dem bezüglichen Berichte der Kommission wird aber als Uebelstand hervorgehoben: Die geringe Anwendung der natürlichen Verjüngung bei Beständen, in welchen Weißtannen und Buchen stark vertreten sind, und die einseitige Begünstigung der Rothtanne bei der künstlichen Verjüngung durch Pflanzung oder Saat. Die Pflege der Jungwüchse bleibt häufig hinter dem Nothwendigen zurück oder geht über das Wünschenswerthe hinaus. Der Durchforstungsbetrieb ist ungenügend. Die Behandlung des Mittelwaldes ist oft nicht zweckmäßig: Man begünstigt nämlich das Nadelholz, betrachtet aber dennoch das Ganze als Laubwald. Endlich wird der Zustand der Holzabfuhrwege und die mangelhafte Entwässerung des nassen Bodens gerügt.

Der Anbauwerth einiger Holzarten ist einer besonderen Be= sprechung unterzogen. So sind z. B. weite Kreise auf die hohe Be= deutung des Niederwaldes aufmerksam geworden durch den Vortrag, den Oberförster Kaysing auf der Straßburger Versammlung hielt und durch die Waldbilder, welche auf der anschließenden Excursion vorgewiesen wurden. Aus einem anderen Vortrage, der vom Ober= förster Osterheld gehalten wurde, entnehmen wir nach der Allg. F. u. J. pag. 37 Folgendes: Die Kastanie ist im Mittelalter ein sehr beachteter Baum gewesen, ihre Frucht wurde sehr hochgeschätzt und erst mit Einführung der Kartoffel gerieth der Anbau und die Pflege ins Stocken. Mit Ausdehnung des Weinbaues hat sie sodann wieder mehr Beachtung, weniger der Frucht als des Holzes wegen, gefunden. Sie ist in die Reihe der genügsamen Holzarten zu stellen. Unter gleichen Standortsverhältnissen überragt sie an Massen-Production die heimischen edleren Holzarten. Namentlich ist sie für den Niederwald geeignet, wenn sie auch nicht — wie irrthümlich behauptet wird — Wurzelbrut bringt. Ihr Holz steht in keiner Weise dem der Eiche nach, hat aber als Bauholz Vorzüge vor derselben. Die Verwendung ist daher sehr vielseitig. Feinde aus der Insectenwelt sind bisher nicht aufgetreten. Als Hauptanbauungsgebiet für die Pfalz ist der Vogesensandstein genannt, doch kann sie zweifellos eine weitere Verbreitung finden.

Forstverwalter Rychner zu Bremgarten theilt (Schw. Z. pag. 13) mit, daß die Kastanie im Misox Thale im 15 jährigen Niederwaldumtrieb einen Zuwachs hat, den nur die Weide erreicht.

Die Verhandlungen über den Anbauwerth der Weymouthskiefer, wie sie auf der Versammlung deutscher Forstleute gepflogen wurden, ließen erkennen, daß sich diese Holzart bezüglich ihres waldbaulichen Verhaltens sehr viel, man könnte fast sagen nur Freunde erworben hat, daß aber bezüglich ihrer Verwendbarkeit als Nutzholz die Meinungen sehr weit auseinandergehen und ihre Bedeutung da hinter den von Vielen gehegten Erwartungen zurückbleibt.

Die Bedeutung der Birke für die schlesische Forstwirthschaft ist vom Schles. F. B. besprochen. Oberförster Dehnicke empfahl hier und da einige Samenbäume stehen zu lassen, sie findet sich dann leicht ein. Der gänzlichen Beseitigung stimmt er durchaus nicht zu; die ihm folgenden Redner schienen jedoch keine Freunde dieser Holzart zu sein.

Pinus uliginosa wird von Hepp in einem Artikel (v. B. C. pag. 320) als einer Holzart gedacht, die nicht nur als eine Varietät, sondern als vollberechtigte selbstständige Species anzusehen ist. Sie unterscheidet sich von den Legföhren durch die Ausbildung nur eines u. zwar aufrecht stehenden Stammes, von der gemeinen Kiefer, aber durch dichtere Benadelung, andere Färbung der Zapfen und des Stammes. Die äußerste Höhe, die sie erreicht, beträgt 12 m, die äußerste Stockstärke 25 cm. Die Zweige werden nicht über 1,5 m lang, sind ohne Verzweigung und biegen sich mit der

Spitze aufwärts. Die Form der Krone ist cylindrisch, das Aussehen cypressenähnlich.

Forstmeister v. Bodungen-Kolmar bespricht das Verhalten der Tanne, Buche und Eiche auf dem Vogesensandstein. Die Tanne tritt rein und in Mischung auf, namentlich ist sie der Buche beigesellt, wohl auch dieser und der Eiche. Ihre höchste Vollkommenheit erlangt sie in den Mischbeständen. Durch ihren ziemlich weit fliegenden Samen und durch ihre Eigenschaft starken Schatten zu ertragen, verdrängt sie aber mehr und mehr die Mischung. Im Revier Lützelstein-Süd dringt sie in bemerkbarer Weise in nordöstlicher Richtung vor. Sie erweist sich als wenig widerstandsfähig gegen Windbruch. Dadurch kommt es, daß bei längeren Umtrieben der Wald die Form des Plenterwaldes angenommen hat. In der Jugend leidet sie durch die Spätfröste. Insectenschäden ist sie namentlich im Mischbestande wenig unterworfen. Kümmernden lichten Buchbeständen hilft sie zu frohem Wachsthum und in Eichen- und Kiefernorten schätzt man sie für den Unterbau. Der Boden darf jedoch nicht trocken sein. Die Buche gedeiht namentlich in den unteren Vogesen und ist dort auch financiell vortheilhaft: In den letzten Jahren sind 20 pCt. Nutzholz ausgehalten, was um 22 pCt. besser als das Nadelholz bezahlt wurde. Dabei stehen die Brennholzpreise hoch. Bei richtiger Wirthschaft ist die Buche keiner wesentlichen Kalamität unterworfen. Die Lichtungen in den Schlägen sind langsam fortschreitende. Die Eiche ist in Folge übermäßiger Ausbeute zurückgedrängt, sie zeigt aber bei einiger Pflege genügende Zähigkeit, um sie in Buchen- und Tannenbeständen zu erhalten.

Für die Zukunft stellt v. B. folgende Wirthschaftsgrundsätze auf: Es ist die reine Tannenwirthschaft zu verlassen und die Tanne in Mischung mit Buche und Eiche zu erziehen. Bei der Verjüngung der reinen Buchenbestände ist die Eiche einzubringen. Reine Eichenbestände sind frühzeitig zu unterbauen. (Allg. F. pag. 145, 217.)

Damit berühren wir einen Gegenstand, der 1883 eine beachtenswerthe Rolle gespielt hat. Borggreve unterzog (F. Bl. pag. 41) nämlich den Lichtungshieb mit Unterbau einer kritischen Beleuchtung und gelangt dabei zu dem Schluß, daß ein Unterbau an sich den Wuchs des unterbauten Oberbestandes nicht fördern kann, daß vielmehr die Erhaltung der natürlich be= oder entstehenden Bodenvegetation — Kräuter, Gräser, Himbeeren, Heidelbeeren, Heide re. — die Vor= theile, welche ein Holz=Unterwuchs allenfalls leisten kann und welche wesentlich in der Verhinderung des Laubverwehens und — an Hängen — des schnellen Wasserabflusses bestehen, ebenfalls leisten muß und zwar bis zum experimentellen oder wissen= schaftlichen Gegenbeweise in gleichem Maße wie ein kostspieliger Unter= bau. Er zieht zur Vertheidung dieses Satzes die bekannte Er= scheinung im Mittelwalde heran, daß auf den Hieb breite Jahrringe folgen und mit weiterhin fortschreitender Fußdeckung die Ringe schmaler werden. B. constantirt dann, daß die Vortheile des Lichtungshiebes schon bei mäßiger Unterbrechung des gespannten Schlusses eintreten, daß mithin auch Lichtungen, welche einen größeren Theil entnehmen, im Sinne einer auf kostenlose größte Werthser= zeugung gerichteten Wirthschaft, bedingungslos zu verwerfen sind. Nach Mittheilung des Referats, welches Reg.=Rath Zetzsche[1] s. Z. im thüringischen Forst=Verein erstattete, kommt B. zur Formulirung von 12 Thesen, deren wichtigste wohl die ist, daß unter Voraus= setzung vollständiger Schonung des Bodens gegen Gräserei und Streu= nutzung ein mäßig und vorsichtig durchgeführter Lichtungshieb die Steigerung des Zuwachses stärker zeigt, wenn er nicht unterbaut wird, als wenn dieses erfolgt.

Forstmeister Grunert fand an Eichen, die unterbaut waren, die Jahrringe mit eintretendem Schluß des Unterbaues verengt und erst wieder verbreitert, wenn durch eintretende Reinigung des Unterwuchses der Fuß der Eiche den meteorischen Einflüssen ausgesetzt wurde. (F. Bl. pag. 115.)

Forstmeister v. Schott bringt ein offenes Sendschreiben, in dem er die einzelnen Thesen Borggreves der Reihe nach theils zu= stimmend theils abwehrend bespricht. Nach v. Sch. Ansicht dürfte das ungünstige Urtheil B's. für alle zum Lichtungshieb und Unterbau geeigneten besseren, zur Erziehung stärkeren Nutzholzes in kürzerer Zeit qualificirten Standortsverhältnisse unbegründet erscheinen und

---

[1] Nicht wie im vorigen Hefte der Chronik stand Zell.

nur für die geringwerthigen für Lichtstellung ungeeigneten Bodenver=
hältnisse richtig sein. (F. Bl. 145.)

Aus dem Frankfurter Stadtwalde theilt Forstmeister v. Schott
außerdem mit, daß daselbst mit Buchensaat unterbaute Kiefernbestände
schon aus dem Anfang der 40er Jahre stammen und der gute Erfolg
zu weiterem Vorgehen ermuntert. Die 40—50jährigen Stangenorte
werden kräftig durchforstet und durch weitere Hiebe bis auf ca.
500 Stämme reducirt. Außerdem sind auch die durch Windwurf
gelichteten Bestände unterbaut. (Allg. F. pag. 1.)

Eine Darstellung dessen, was man vom Lichtungszuwachs zu
erwarten hat, giebt auch Professor Dr. Landolt=Zürich. In Licht=
holzbeständen, sowie auf trockenem mageren Boden und in sonnigen
Lagen ist kein großer Erfolg zu erwarten. Bei Holzarten, die keinen
oder nur geringen Werthszuwachs haben, wird ein langes Ueber=
halten der gelichteten Bestände kaum gerechtfertigt sein. In Sturm
und Schneebruchlagen erwachsen aus der Lichtung leicht große Ge=
fahren. Trotz dieser Bedenken verdient die Nutzbarmachung des
Lichtungszuwachses die volle Beachtung Aller, welche mit der Be=
nutzung, Verjüngung und Pflege der Wälder zu thun haben. L.
fordert deshalb zu genauen Untersuchungen auf, die vorläufig nur
kleine Flächen zu occupiren brauchen. (Schw. Z. pag. 172.)

Die Einführung des modificirten Buchenwaldes in die Harzer
Wirthschaft wurde einer Besprechung im Harzer F. B. unterworfen.
Die Frage ist bereits vor 20 Jahren einmal discutirt und damals
verneinend beantwortet, dieses Mal waren die Ansichten zwar sehr
getheilt, dennoch konnte eine Empfehlung des Betriebes nicht durch=
dringen. Der Vorsitzende — Oberforstmeister Rettstadt — faßte die
Debatte dahin zusammen, daß der Betrieb selbst und seine Anlage
im Laufe der Zeit Wandlungen erfahren habe und jetzt anders ge=
führt werde, als man im Beginn beabsichtigt. Eine weitere Prüfung
und die Fortsetzung der Debatten würde am Solling selbst stattfinden
können. Für alle Verhältnisse eigne sich der Betrieb nicht, die Zu=
wachsförderung lasse sich auch mittelst der Durchforstungen erreichen.

Die Erziehung der Eiche in Mischbeständen mit Kiefer ist von
Oberförster Urff=Neuhaus im Märkischen Forstverein besprochen. Das
sehr lesenswerthe Referat gipfelt in den Sätzen, daß man der Eiche

15—20 Jahre Altersvorsprung geben, sie durch Saat in Bändern oder Horsten unter Schutzholz einbringen, die Läuterungen richtig vornehmen und ihr den Kopf frei bei gedecktem Fuß halten muß. Des Guten darf man aber nicht zu viel thun, deshalb nicht unter Kiefernboden III. Klasse gehen und nicht mehr als ein Viertel der Fläche ihr einräumen.

Die Anlage gemischter Bestände von Kiefer und Fichte ist nach dem Urtheile der meisten Redner auf dem sächsischen Forstvereine für die weniger günstigen Standorte der sächsischen Schweiz durch Misch=saat herbeizuführen. Durch eine solche Mischung läßt sich am besten constatiren, welche Holzart im gegebenen Falle eigentlich am Platze ist. Wo die Fichte Gedeihen zeigt, wird sie begünstigt, wo die Kiefer hingehört, ist die Fichte als Bodenschutzholz willkommen.

Das Thema der Durchforstungen ist vom Oberförster Hepp (v. B. C. pag. 323) behandelt. Er bezweifelt nicht, daß bisher zu wenig durchforstet sei, fürchtet jedoch, daß in Zukunft zuviel geschehen möchte. Bei der ersten Durchforstung soll nur das völlig unterdrückte Holz entfernt werden, auch bei der zweiten kann es nöthig sein, noch theilweise den Schutz des angehend unterdrückten Holzes zu ge=währen, um die Gipfel des dominirenden zu stützen. Gewöhnlich wird man aber alles unterdrückte fortnehmen, in besonderen Fällen aber auch vorgewachsene Stangen, die Räuber, ein=schlagen. Bei den nächsten Durchforstungen muß alles ganz oder annähernd unterdrückte kranke und fehlerhafte genommen, weiter aber nicht gegangen werden. Das darf vielmehr erst geschehen gegen das Ende des Längenwachsthums der Bestände. Besondere Standorts=verhältnisse begründen Abweichungen von diesen Regeln, einige davon werden erwähnt.

Forstmeister Duckstein=Hannover giebt (Da. Z. pag. 664) seine Erfahrungen über die Aufastungen. Dieselben sind zu kurzen präg=nanten Sätzen einer Instruction zusammengefaßt, und werden be=sondere Einzelfälle durch einige Holzschnitte erläutert.

Der Streit, welcher über bodenkundliche Fragen zwischen Oberförster Emeis und Professor Daube=Münden vor Jahren be=gann, ist noch nicht zum Abschluß gebracht. Emeis veröffentlicht (Allg. F. u. J. pag. 42) einen Aufsatz, in dem er die Daube'schen

Ansichten, anknüpfend an dessen letztes Wort, nochmals beleuchtet. E. schließt seine Auseinandersetzungen mit den Worten: Der ruhende Oberboden wird durch die fortlaufende Ausscheidung und Ablagerung der Kieselsäure immer unfruchtbarer und es ist unsere Aufgabe, mit der Hebung der gemischten Mineralien aus der Tiefe den Culturen die erforderliche Sicherheit zu geben. In einem weiteren Aufsatz macht er dann darauf aufmerksam, daß bei den Aufforstungen neben der Bearbeitung des Bodens auch noch eine Reihe von anderen Schwierigkeiten zu lösen sind, die ihren Grund in den langandauernden Stürmen haben. (Daf. pag. 115.)

Ueber die Einwirkung des Streurechens liegen zwei Arbeiten aus Eberswalde vor, die eine von Dr. Councler, die andere von Dr. Ramann. Dr. C. theilt (Da. Z. pag. 121) die Resultate dahin mit, daß auch so vortrefflicher Boden, wie ihn die Oberförsterei Lohra zeigt, von wo die Streuproben herstammten, durch jährliche Streu= nutzung in keineswegs unabsehbarer Zeit, wenigstens in Bezug auf Phosphorsäure erschöpft werden kann. In physicalischer Hinsicht hat die Waldstreu einen noch weit größeren Werth für den dortigen Wald, als in chemischer. Ohne die Zufuhr von Waldstreu würde der Boden sehr bald humusarm und dann äußerst streng werden. Der Humus ist es vorzugsweise, der den Boden vor Austrocknung und damit vor Verhärtung bewahrt.

Dr. Ramann gelangt für armen Sandboden zu folgenden am Schlusse seiner Abhandlung zusammengefaßten Sätzen (Da. Z. pag. 651.):

1. Der berechte Boden ist sehr viel ärmer an Mineralstoffen, als der geschonte Waldboden. 2. Der Verlust trifft sowohl lösliche als unlösliche Mineralstoffe. 3. Der Stickstoffgehalt ist dagegen nicht wesentlich verschieden. 4. Der Wassergehalt des berechten Bodens ist nicht geringer, meist sogar höher, als der des unberech= ten Bodens. 5. Die mechanische Zusammensetzung beider Böden ist, wenn man Schichten von etwa 1,5 m Mächtigkeit in Rechnung zieht, nicht wesentlich verschieden. Bezüglich des Mindergehalts des berech= ten Bodens an Mineralstoffen spricht Dr. R. folgenden Satz aus: Die durch Streunutzung ausgeführten Mineralstoffe bilden nur einen kleinen Theil derjenigen, welche dem Boden durch Auslaugung ver= loren gehen; die verderblichen Wirkungen des Streuentzuges sind

daher für Sandböden wesentlich auf die auswaschende Wirkung des Wassers zurückzuführen. Dieses löst die Mineralstoffe und führt sie mit dem Grundwasser hinweg. Ganz besonders hebt R. aber noch hervor, daß die Resultate sich nur auf den armen Sandboden beziehen, und daß ein anderer Boden nicht nur eine mäßige Streunutzung ertragen, sondern häufig durch besseres Eindringen des Wassers und Entfernung einer zu mächtigen Streuschicht erst zur vollen Entwickelung aller Kräfte angeregt werden kann.

Außer dieser sehr werthvollen Arbeit hat uns Dr. Ramann in der Danckelmann'schen Zeitschrift noch andere gegeben. Die Beiträge zur Statik des Waldbaues sind von ihm in Gemeinschaft mit H. Will fortgesetzt und darin die wilde Akazie und die Esche behandelt. Früher wurden untersucht die gemeine Kiefer, die Schwarzerle, die Weymouthskiefer und die Hainbuche.

Untersuchungen über den Mineralstoffbedarf der Waldbäume und über die Ursachen seiner Verschiedenheit schließt er pag. 16 dahin ab, daß die Bodenklasse, auf welcher ein Baum wächst, weder ein Maßstab für den Bedarf noch für den Entzug von Mineralstoffen ist und daß die Menge der Mineralstoffe, welche dem Boden durch Holznutzung entzogen wird, kein Maßstab für den Bedarf der Baumarten ist. Aus der Herleitung dieser Sätze läßt sich ersehen, wieviel noch auf dem Gebiete zu arbeiten ist, bis wir zu vollem Verständniß vorgedrungen sind.

Prof. Daube-Münden stellte durch chemische Analyse fest, daß der Kerncylinder der Bäume der ascheärmste Theil des Baumes namentlich in Bezug auf Kali und Phosphorsäure ist. Da der Kerncylinder aber bei genügendem Alter die Hauptmasse des Baumes bildet, auch die größte technische Brauchbarkeit besitzt, so ist beim forstlichen Betriebe darauf hinzuarbeiten, daß von der Gesammtnutzung ein möglichst hoher Procentsatz in Kernholz erfolgt. Dieses Ziel wird i. d. R. nur bei hohem Umtriebe zu erreichen sein. (F. Bl. pag. 177). Beispielsweise gehören bei der wichtigsten Holzart Preußens, der Kiefer, je nach Standort ꝛc. die 40—70 letzten Ringe lediglich dem Splint an. (Daf. pag. 192.)

Die Hochwassererscheinungen nehmen in der Literatur des vorigen Jahres, namentlich in den österreichischen Journalen, Vereins= und Con=

greßverhandlungen weiten Raum ein. Bei der Bedeutung, die dem Walde hinsichtlich der Regulirung der Wasserstände zugesprochen wird, mußte es auch natürlich erscheinen, daß man einerseits in mangelhafter Bewirthschaftung den Grund für die Erscheinungen suchte, oder andererseits die Rolle, welche der Wald der Theorie nach spielen soll, bestritt, oder endlich prüfte, wieweit das Können des Waldes überhaupt geht. Darüber hinaus soll man auch vom Walde nichts verlangen. Im Angesicht der gewaltigeu Katastrophen, in der Aufregung des ersten Augenblicks konnten wohl Meinungen ausgesprochen und ohne Einwand angehört werden, die einzelnen Wirthschaftsmaßregeln die Hauptschuld zuschoben. Ich rechne z. B. dahin, die Anwendung des Kahlschlages in gefährdeten Lagen oder das Streurechen an Berglehnen u. a. Bei ruhiger Erwägung mußte das Maß der Schuld, welches solcher Wirthschaft zuzuschieben ist, auf seine richtige und natürliche Größe zurückgehen. Falsche Wirthschaftsmaßregeln haben das Uebel vergrößert, es aber nicht hervorgerufen.

Die niedergeströmte Fluth des Regens ist derartig gewesen, daß sie allem spottete und Wirkungen hervorbrachte, die man bisher noch nicht beobachtet hat. Hören wir die Berichte einiger Forstleute, die den Verlauf der Katastrophen im Walde Schritt für Schritt beobachten konnten, Forstverwalter Plaß erzählt in der Oe. B. Folgendes:

Volle 14 Tage regnete es ununterbrochen und oberhalb der Waldvegetation sammelte sich viel Schnee an. Der Waldboden hielt das Wasser noch zurück und die Bäche schwollen deswegen nur wenig an — jedoch der Waldboden glich einem mit Wasser gesättigten Badeschwamme. Am Tage vor der Katastrophe regnete es unaufhörlich (130 mm) und zwar auch auf den schneebedeckten Höhen, so daß dort der Schnee schmolz. Diese Hochfluth konnte der Waldboden nicht zurückhalten, mitten in den Wäldern entsprangen mächtige Quellen und von allen Seiten flossen Bäche hernieder an Stellen, wo sonst kein Abflußwasser zu bemerken war. Plaß glaubt, daß es wenige Thäler giebt, die so mit Wäldern gesegnet sind, wie Welschnofen und Eggenthal, aus denen er berichtet. Wohin das Auge schaut, sieht es überall gut bestockte Waldungen und dennoch sind diese Thäler schrecklich heimgesucht. Wenn das bereits in solchen Waldgegenden möglich war, ließ sich leicht vermuthen, daß die Verheerun-

3*

gen da noch schlimmer waren, wo dem Wasser irgend welche An=
griffspuncte durch nachtheilige Maßregeln gegeben waren.

Aus dem Gebiet der Rheinhochwasser finden wir (v. B. C. pag. 110)
eine verwandte Beschreibung. Es wird darin offen zugegeben, daß
die Masse des Niederschlags eine solche Uebersättigung des Bodens
und seiner Decke hervorrief, daß jede Fähigkeit der weiteren Aufnahme
sich verlor. Das Wasser öffnete sich Wege, welche seit Menschen=
denken keins mehr geführt hatten. Es geschah, daß namentlich im
Walde hochsprudelnde Quellen dort zum Vorscheine kamen, wo nur
die Terraingestaltung noch schließen läßt, daß Aehnliches hier früher
der Fall gewesen sein könnte, daß endlich aber auch Quellen
und Wasserläufe an den trockenen Vorbergen hervorbrachen,
deren sich niemand erinnerte. Der ganze Untergrund des Bodens
zeigte sich vom Wasser gespannt und nicht nur ständige Quellen för=
derten unglaubliche Wassermassen zu Tage, sondern in Thälern und
am Fuße der Berge kam es häufig an vollständig trockenen Stellen
zum Platzen des Bodens, oder es suchten sich in den steilen Abhän=
gen die gepreßten Wassermassen einen Ausweg, indem sie mit gewal=
tigem Drucke ganze Erdschichten hinweg schleudernd zu Thal brachen.

Auf der Versammlung österreichischer Forstwirthe zu Villach ist
das Thema der Hochwässer und ihrer Schadenswirkung so besprochen,
daß dabei alles vorher gesammelte Material die eingehendste Würdi=
gung fand. Die gefaßten Resolutionen sind Oe. V. pag. 345 ff.
gegeben. Die Rolle des Waldes ist darin so präcisirt, daß die Er=
haltung desselben in gutem wirthschaftlichen Zustande einen wesentlich
günstigen Einfluß auf die Wasserabflußverhältnisse überhaupt ausübt,
daß aber diese Abflußverhältnisse und speciell die Entstehung von
Wildbächen und Hochwässern ganz wesentlich und meist vorwiegend
auch von anderen Momenten, als: der geologischen und Terrain=
beschaffenheit, dann der Behandlung der oberhalb der Holzgrenze ge=
legenen Hochregion, sowie der umliegenden Regionen bedingt sind, daß
ferner speciell die Katastrophen des Herbstes 1882 in den bedeuten=
den und continuirlichen Niederschlägen des Herbstes ihre hauptsächliche
Ursache haben.

Kann man daher auch die Frage verneinen, daß falsche Wald=
wirthschaft allein das Uebel hervorrief, so haben die erfolgten Unter=

suchungen doch ergeben, daß der Wald seine schützende Rolle nicht in vollem Maße hat spielen können. Die Gründe scheinen in vielen Verhältnissen zu liegen und wir müssen für das specielle Studium der Frage auf die Besprechungen in der Oesterreichischen Viertel=jahrsschrift, der Forstzeitung und dem v. Seckendorff'schen Central=blatt verweisen. Sehr viel Schuld scheint die Wirthschaft der Bauern zu haben. Die Zustände in deren Waldungen lassen Stimmen auf=treten, welche verlangen, daß der Bauer mit seiner unvernünftigen Alpenwirthschaft und wahnsinnigen Waldgebahrung unter Curatel gesetzt wird und der Wald in staatliche Verwaltung übergeht. (v. S. C.=Bl. pag. 43), von andrer Seite wird der Ankauf des Waldreals befür=wortet (O. F.=Z. N. 4), von dritter: Genossenschaftsbildung, staatliche Beförsterung und Vertheilung des Reinertrags nach dem Werthe des in der Genossenschaft steckenden Kapitals (v. S. C. pag. 314).

Prof. Dr. Breitenlohner schreibt (v. S. C. Bl. pag. 93): Mit sehr gemischten Empfindungen schließe ich jedes Jahr meine Wanderungen im Hochgebirge ab. Ueberall stößt man auf dieselben wirthschaftlichen Gebrechen und allenthalben rollt sich das gleiche Bild ungesunder Verhältnisse auf. Man traut oft kaum seinen Augen. Wo im vergangenen Jahre die Bergflanke noch mit dicht geschlossenen Legföhrenbeständen bedeckt war, starrt nun eine splinternackte Halde entgegen, aber auch der Fichten= und Lärchenwald ist bis auf arm=selige Reste verschwunden. Das Holz der uralten Legföhre verwandelt der Wälsche in noch verkäufliche Kohle und den Hochwald hat der Bauer an einen Waldverderber verschachert. Der Gürtel der Alpen=sträucher ist durch Feuer zerstört. Ein so übel zugerichtetes Gebirge erfüllt jeden Freund von Ordnung und Vernunft mit tiefster Trauer. Viel Schuld scheint auch die Bringung des Holzes in Erdriesen und die rücksichtslose Ausübung der Servituten zu haben.

Die Frage, wie den hervorgetretenen Uebelständen abzuhelfen ist, ist ebenfalls in sehr eingehender Weise behandelt. Der Bericht des Forstinspectors Suda Oe. B. pag. 137 über die Wildbäche Kärnthens und die zu ihrer Bekämpfung beantragten Maßnahmen fordert als sofort in Angriff zu nehmen: die strenge und rasche Hand=habung des Forstgesetzes, Erwirkung solcher gesetzlicher Bestimmungen, welche der schrankenlosen Ausbeutung der Wälder Einhalt thun.

Anstellung einer ausreichenden Zahl von Forstschutzbeamten und Ermitte=
lung aller in die Kategorie der Bann= und Schutzwälder gehörigen Wal=
dungen. Für diese müssen die Wirthschaftsnormen klar bestimmt werden.

Die kärntnerische Landesregierung hat von dem oesterreichischen
Reichs = Forstverein ein Gutachten extrahirt über die forstpolizeilichen
Maßregeln, durch welche Hochwasserbeschädigungen thunlichst abgeschwächt
werden können. Hierin spricht sich der Verein dahin aus, daß zur
Minderung der Wildbachexcesse sowohl technische als forstpolizeiliche
Maßnahmen zusammen wirken müssen, daß aber sowohl die Ursachen
der Entstehung und des excessiven Auftretens, als auch die Schutz=
mittel dagegen großentheils außer dem Bereiche des Waldes und der
Waldwirthschaft zu suchen seien, ohne daß damit der bedeutende Einfluß
der letzteren auf den geregelten Abfluß der Niederschlagswässer in
Zweifel gestellt werden soll. Der Verein hält es nicht für angemessen
eine allgemeine über alle Gebirgswaldungen sich erstreckende Anzeige=
pflicht der beabsichtigten Kahlhiebe auszusprechen, glaubt vielmehr, daß
man eine solche Pflicht auf eine local begrenzte Schutzzone beschränken
kann. Um das durchzuführen reichen die bestehenden gesetzlichen Hülfen
aus. Das Gutachten bringt auch die interessanten Thatsachen, daß
in Waldgebieten, die nicht dem Hochgebirge angehören bei conser=
vativster Wirthschaft in Laubholzwaldungen, iu denen seit einem Jahr=
hunderte keine Kahlschläge geführt wurden, gleichwohl Wildbach=
Entstehungen und Excesse nicht zu den Seltenheiten gehören und daß
speciell im Hochgebirge sehr viele Wildbäche ihren Beginn und ihr
größtes Sammelgebiet oberhalb der Waldregion haben, daher der
Zustand dieser letzteren das Verhalten dieser Wildbäche nur noch in
geringem Maße zu beeinflussen vermag.

Die Versammlung zu Villach betonte ausdrücklich die Noth=
wendigkeit der Wildbachverbauung und sprach sich dahin aus, daß
man die Ausführung der Arbeiten in die Hand der Forsttechniker
legen und nur dort, wo größere Steinbauten als unerläßlich noth=
wendig erkannt werden, Wasserbautechniker heranziehen solle.

Vom Prof. Dr. Breitenlohner ist sodann auf die bedeutende
Hülfe verwiesen, die in gefährdeten Lagen horizontale Sickergräben[1])

---

[1]) v. Berenger theilt uns in v. S. C.=Bl. pag. 471 mit, daß die Anwendung
der Sickergräben übrigens eine uralte Culturhülfe und Maßregel sei.

durch das Festhalten des Wassers sowie die allmälige zu Thal-Führung auf dem Wege der Durchsickerung gewähren können. B. berechnet (v. S. C. pag. 151), daß auf das ha Fläche ca. 2000 laufende Meter solcher Gruben angefertigt und darin eine Regenmenge von 250 cubm Wasser festgehalten werden könne. Aus dem am Schlusse seines Aufsatzes gegebenen Kostenbetrage geht hervor, daß der Aufwand für die Herstellung der Gräben durchaus nicht unerschwinglich ist und daß er sich wahrscheinlich durch Ersparung von anderen Bauten reichlich bezahlt macht.

Aus Allem, was über die möglichste Abwendung künftiger Kalamitäten mitgetheilt wird, geht hervor, daß jedenfalls der Staat mit baaren Mitteln hinzutreten muß und zwar mit sehr bedeutenden Beträgen. Gewiß wird man deshalb auch Prof. v. Guttenberg zustimmen, wenn er wünscht, daß der Staat namentlich die in letzter Zeit abgestockten Flächen, welche für die Besitzer gegenwärtig wenig Werth haben, nach und nach, je nach sich darbietender Gelegenheit erwirbt.

Endlich sei noch erwähnt, daß in Oesterreich ein Gesetzentwurf betr. Vorkehrungen zur unschädlichen Ableitung der Gebirgswässer eingebracht ist. Eine Besprechung desselben finden wir in v. S. C. pag. 241.

Der hessische Forst-Verein faßte in der Wasserstands- und Regulirungsfrage folgende Resolutionen: 1. Der hessische Forst-Verein erachtet es für angemessen, daß die Wasserregulirungsarbeiten im Walde, soweit sie nicht unmittelbar mit dem Kulturbetrieb in Verbindung stehen, als besondere Ausführungen zu betrachten und aus einem aus allgemeinen Mitteln zu bewilligenden Fonds zu bestreiten sind. 2. Im Interesse der Wasserregulirung empfiehlt es sich, für solches Areal im Gebirge, welches diesem Zwecke hervorragend dienen wird, den gesetzlichen Aufforstungszwang herbeizuführen und in Ergänzung dieser Maßregel für den Staat und größere Kommunalverbände das Recht der Expropriation solcher Flächen in Anspruch zu nehmen, deren Aufforstung und ständige Erhaltung im Waldzustande von dem Besitzer verweigert wird.

b) Forstschutz.

Selbstständige Werke:

a. Hartig, Lehrbuch der Baumkrankheiten. Berlin, Springer.

b. Kauschinger's Lehre vom Waldschutz. Neu bearbeitet von Hermann Fürst. Berlin, Parey.

c. Schröder und Reuß, die Beschädigung der Vegetation durch Rauch und die Oberharzer Hüttenrauchschäden. Berlin, Parey.

d. J. Coaz, der Frostschaden des Winters 1879/80 und des Spätfrostes vom 19. und 20. Mai 1880 an den Holzgewächsen der Schweiz. Bern.

e. Landolt, Bericht über das Hagelwetter am Rhein und an der Thur am 21. Juli 1881. Zürich, Füßli.

f. Schulze, Schädlinge der Korbweide. Eger i. B. Selbstverlag.

Die Ueberschwemmungen des Rhein= und Elbstromgebiets haben neben Schaden durch Auskolkung und Uebersandung auch durch eine Eisdecke zerstörend gewirkt. Um erstere Erscheinungen möglichst zu verringern, müssen nach den Darlegungen des Geh. Rath Borggreve zu Düsseldorf die Vorländer von jedem Strauch= wuchs frei gehalten werden. Nach den vorliegenden Erfahrungen erzeugen einzelne Pflanzungen, Hecken, selbst einzelne Bäume thal= wärts strichartige Versandungen, welche aus der Beruhigung des Wassers hinter diesen Hindernissen erwachsen. Die Strauchsäume am Ufer können daher auch nicht das hinterliegende Land vor Ver= sandung bewahren, wie mehrfach behauptet ist.

Der Schaden der Eisdecke ist überall in gleicher Weise beschrieben. Nach Eintritt des Frostes bildete sich schnell in dem nur sehr langsam fließenden oder stagnirenden Binnenhochwasser eine feste Eislage. Mit Andauer des Frosts fiel das Hochwasser der Ströme schnell und damit auch im Inundationsgebiet. Die Eisdecke, getragen von den eingefrorenen Stämmen und Stämmchen, blieb wo sie entstanden war, hing also nun über dem Wasser und drückte mit voller Last die Träger. Vielfach brachen diese zusammen, mit ihnen ging auch die Decke in Trümmer und beschädigte den Jungwuchs in mannig= fachster Weise. Häufig wurden die letzjährigen noch nicht mit starkem Wurzelsystem versehenen Pflanzungen tief in den weichen

Boden hineingedrückt. Specielle Berichte über die Kalamität haben wir aus der Saalaue (Da. Z. 252) der Elbaue (F. Bl. pag. 192) und dem Rheinthal. (Allg. F. u. J. pag. 163.)

Liegt der Schaden der Hochwasser klar zu Tage, sobald nur der Wald wieder gangbar ist, so haben wir es bei demjenigen, der durch Entwässerungen dem Walde zugefügt ist, mit einem schleichenden, stetig sich mehrenden, nach Jahren erst im vollen Umfange erkennbaren Uebel zu thun. Während früher fast alle Welt, bestochen durch die vortheilhaften Wirkungen auf die nächste Umgebung, für die Entwässerung eintrat, hat sich jetzt in den forstlichen Kreisen die Zahl der Gegner von Jahr zu Jahr verstärkt. Davon geben auch die diesjährigen Verhandlungen in Vereinen Zeugniß.

Auf dem Harzer Forst=Verein referirte Forstmeister Häberlin. Aus dem Vortrage war zu entnehmen, daß man mit den im Jahre 1840 begonnenen Entwässerungen der Brücher im Harz zu weit gegangen ist und daß man in Folge dessen ein Zurückgehen des Holzwuchses und häufigeren Wassermangel als früher beobachten kann.

Auf dem Märkischen Forst=Verein konnte nach eingehender Besprechung der Frage vom Vorsitzenden — Oberforstmeister von Waldow — dahin resumirt werden, daß größere Entwässerungen oft auf vorher unabsehbar weite Strecken Landes schädlich einwirken und der Erfolg meist nur in Bereicherung Einzelner auf Kosten der Grundbesitzer in einem meilenweiten Umkreise besteht. Deshalb kann bei der Anlage größerer Entwässerungen nicht vorsichtig genug vorgegangen werden. Gegen Entwässerungen im Kleinen spricht der Umstand, daß der Erfolg meist in keinem richtigen Verhältnisse zu den Kosten steht und daß ein localer Wasserüberfluß vortheilhafter durch Anlage von Fischteichen unschädlich und nutzbar gemacht werden kann. Die Versammlung nahm daher auch eine vom Oberförster Maron vorgeschlagene Resolution folgenden Inhalts mit großer Majorität an: In Erwägung, daß die Senkung des Grundwasserstandes für die Forsten und die landwirthschaftlich benutzten Grundstücke mit unverkennbaren Nachtheilen verbunden ist und es nicht gerechtfertigt erscheint, daß im Interesse eines Einzelnen viele Angrenzer in ihrem Ertragsvermögen geschädigt werden, wird die Kgl. Staatsregierung gebeten, im Wege der Gesetzgebung dahin

zu wirken, daß vor jeder Senkung größerer Wasserflächen durch Sach=
verständige die Entschädigung ermittelt und festgestellt wird, welche
den Adjacenten von dem Unternehmer der Senkung zu gewähren ist
und wird hieran die Bitte geknüpft, die große Anzahl der im fiscalischen
Besitze befindlichen Seen thunlichst zu conserviren, sie weder zu ver=
äußern, noch ihre Ablassung zu gestatten.

Mit Schnee und Eisregen hat es 1883 verhältnißmäßig mild
gemacht. In einem Theile der württembergischen Alp ist ein Eis=
regen gefallen, der den Waldungen Schaden brachte. (v. B. C. pag. 362.)
Auch in diesem Falle gefror der niederfallende Regen erst beim Auf=
schlagen, nachdem er in den unteren kalten Schichten der Atmosphäre
bis unter den Gefrierpunkt abgekühlt war.

Ein Forstmeister H. constatirt mit Entschiedenheit die Zunahme
der Schneebruch=Kalamität in den Wäldern Thüringens. Um ihr
Einhalt zu thun, soll vor allen Dingen der Mischwald erhalten und
mehr für seine Nachzucht gethan, die Nebennutzung beschränkt, die
Hiebsführung modificirt werden. Weitere Mittel sind: Weitständige
Pflanzung, plentender Hieb in den Hochlagen, vorsichtige Durch=
forstung, größere Beweglichkeit der Betriebseinrichtungen. (F. Bl.
pag. 297.)

Frostbeschädigungen in Fichten= und Tannensaat und Pflanzen=
beeten beschreibt R. Hartig (Allg. pag. 406). Er glaubt, daß
die Bodenschicht beim Gefrieren durch die damit verbundene Volumen=
vergrößerung einen starken Druck auf das nicht gefrorene Pflänzchen
ausgeübt und eine Quetschung der jugendlichen cambialen Gewebe
herbeigeführt habe. Die Pflanzen sind hernach noch geraume Zeit
am Leben geblieben. H. fordert zu Versuchen auf, die darüber Gewiß=
heit geben sollen, ob seine Erklärung die richtige ist.

Durch Feuer hat der Wald im Ganzen weniger als in früheren
Jahren gelitten. Aus dem Hagen=Donner'schen Werke erfahren
wir, daß im Durchschnitt der Jahre 1860—1880 jährlich 29 Brände
mit 534 ha verbrannter Bestände zu rechnen sind. Die Zahlen
beziehen sich auf den vollen Umfang der Staatswaldungen Preußens
also auf 2,374,039 ha. Es kommt mithin auf 4446 ha ein ha
Brandfläche.

Die Versicherung des Waldes gegen Feuersgefahr wird vom

Oberförster Schnittspahn von Neuem angeregt (v. B. C. pag. 329). Es muß, sagt er, mit Ausführung der Idee ein Anfang gemacht werden. Selbst der Versuch, einen auf Gegenseitigkeit beruhenden Versicherungsverband zu gründen, wäre in diesem Falle zugleich ein Anfang, weil er geeignet ist, das Augenmerk der Versicherungsgesell= schaften auf dieses Feld des Versicherungswesens zu lenken und die Grundsätze zu studiren, nach welchen derartige Versicherungen ab= zuschließen sind.

Die Erkrankung der Kiefernnadeln an der Schütte ist in diesem Jahre als eine Wirkung der Baarfröste anzusehen. Im Boden steckte der Frost bis in den April hinein und hemmte die Wurzel= thätigkeit, während Sonnenschein und trockner Wind eine relativ energische Verdunstung durch die Nadeln hervorrief und ein allmäliges Abwelken nach sich zog. Die Krankheit ist auf sehr großem Gebiete aufgetreten; kein Wunder wenn sich auch wieder eine ganze Reihe von Besprechungen finden, so z. B. im Mecklenburgschen, im Pommerschen Verein und in dem von Niederösterreich. Wir er= wähnen außerdem noch einen Aufsatz vom Forstmeister Alers (v. S. C. Bl. pag. 259) und eine Erwiderung darauf vom Oberforstmeister Guse (das. pag. 424). — Es darf übrigens nicht unerwähnt bleiben, daß die Bräunung der Nadeln an den verschiedensten Nadel= hölzern beobachtet werden konnte. Von den Fremden litt in hervor= ragender Weise P. rigida und A. Douglasii.

Der Lärchenpilz hat sich neuerdings im Großherzogthum Hessen in einer Weise schädlich gezeigt, daß die Nachzucht der Lärche, in dem seitherigen Umfange wenigstens in Frage gestellt ist. (Allg. F. pag. 314.)

Von Prof. Lindemann ist ein Zusammenwirken von Pilz und Borkenkäfern an Fichten beobachtet. Oberförster Wachtl macht mit Recht darauf aufmerksam (v. S. C. Bl. pag. 319), daß ein solches Zusammenwirken vielfach vorkommt und eine von Forstleuten gekannte Thatsache ist.

Im Anschluß an die Darwinschen Ansichten über die Rolle der Regenwürmer im Haushalte der Natur theilt v. Baur einige seiner eigenen Beobachtungen mit, welche im Wesentlichen mit denen Darwins übereinstimmen. Den Regenwürmern wird von B. für Nadelholz=

und Erlen=Saatbeete ein entschieden schädliches Wirken zugeschrieben, indem sie die jungen Keimlinge in ihre Federkiel weiten Gänge hinein= ziehen (v. B. C. 257). Im Anschlusse daran macht Rob. Hartig darauf aufmerksam, daß der Regenwürmerschaden leicht mit Beschädi= gungen der Saatbeete durch Phytophthora omnivora verwechselt werden. Es ist derselbe Pilz den Hartig früher als Ph. fagi beschrieben hat; nach den jetzt weiter fortgesetzten Forschungen kommt derselbe aber nicht blos auf Buchen, sondern auch auf Ahorn, Akazien, Fichten, Tannen, Lärchen und sämmtlichen Kiefernarten vor. Die Regen= würmer werden erst hingezogen, nachdem die Pflanzen getödtet. Ihre Thätigkeit besteht im Aufzehren der in Fäulniß übergegangenen Pflanzenreste.

Die Insectenwelt ist eifrig beobachtet worden, neue Mittel der Abwehr sind aufgetaucht und dennoch ist mancher Schaden zu vermerken.

Oberförster Wachtl macht uns in v. S. C. Bl. pag. 477 mit einigen neuen europäischen Gallmücken bekannt.

Lebhaftes Interesse haben die von Oberförster Dr. Kienitz=Münden publicirten Beobachtungen erregt, wonach die Markflecken, die im Holze einiger Bäume vorkommen, thatsächlich die nachträglich durch Zellgewebe ausgefüllten Gänge einer Insectenlarve darstellen. Die Larve bewohnt die Stämme vom Mai bis zum Juli, bohrt sich durch die Rinde und verpuppt sich dann wahrscheinlich im Boden. Das fertige Insect ist noch nicht bekannt.

Aus den Verhandlungen des märkischen Forstvereins geht hervor, daß die Beschädigungen der norddeutschen Flachlandsforsten durch Blattwespen recht erheblicher und schwerer Natur sind und sich die gehoffte Genesung der befallenen Stämme sehr oft nicht eingestellt hat. Lyda hypotrophica fraß in Kiefernbeständen am Harz.

Oberförster Hepp in Hirsau beschreibt (v. B. C. 317) Fraß und Entwickelung von T. rufimitrana, die im Schwarzwalde in den Jahren 1874—1880 fraß. Die üblen Folgen machen sich noch jetzt in nachträglichem Absterben der Stämme bemerkbar. Der weiteren Verbreitung des Insects scheint der nasse Jahrgang 1882 Abbruch gethan zu haben.

Brumata und defoliaria haben am Harz an Buchencotyladonen gefressen und etwa drei Viertel des Aufschlages vernichtet. Defoliaria

hat auch anderweitig z. B. auf Rügen in Schonungen ihrem Namen
Ehre gemacht. Vom Oberförster Borgmann ist übrigens beobachtet, daß nicht brumata sondern boreata den Fraß verursacht.
B. ist auch der Ansicht, daß Ratzeburg die beiden Raupen verwechselt hat.

Gegen brumata wird in den Pomologischen Monatsheften an
Stelle der Klebringe die Anwendung von ganz glatten Lackringen
empfohlen. Das Insect soll diese nicht zu überschreiten vermögen.

Gegen die Verbreitung der Noctuiden empfiehlt Altum auf
Grund neuer Versuche nochmals sein probates Mittel: Den Fang der
Schmetterlinge durch Apfelschnitte, die in süßes Bier getaucht sind.
Sie nehmen das tückisch gebotene freie Abendbrot mit Begierde an und
lassen sich mit größter Leichtigkeit dabei fangen. (Da. Z. pag. 199).

Professor Keller in Zürich veröffentlicht seine Beobachtungen
über G. pityocampa, den Pinienprocessionsspinner. Die Raupe greift
mit Vorliebe die langnadligen Nadelhölzer an, in der Schweiz z. B.
die gemeine Kiefer (Schw. Z. pag. 118).

In den herzoglich Saganschen Forsten hat der Kiefernspinner
gefressen. (Z. d. d. F. pag. 477).

Gegen den großen braunen Rüsselkäfer empfiehlt Altum auf
den vorjährigen Schlägen im Spätsommer, etwa August, Isolir- bez.
Durchschneidungsgräben zu ziehen. Gegen Ende Juli entsteht er auf
diesen $1\frac{1}{2}$ jährigen Flächen, kriecht ohne die Eier abzulegen auf
denselben umher; auf diesen oder zumeist in der schattigen
näheren Umgebung derselben überwintert er, um im nächsten Frühlinge
sich nach seinen Brutplätzen, den frischen Schlagflächen, zu begeben.
Läuft er von letztern ab, so ist seine Brut bereits versorgt. Das Um-
ziehen der frischen Schlagflächen mit Gräben bezeichnet Altum als halbe
Maßregel. Oberforstmeister Schwarz will sie aber doch beibehalten
(Danck. Z. pag. 493). Gegen das Auslegen der Fangkloben machte
man im pommerschen Forstverein entschieden Front, ja es wurde
davor gewarnt, da bei dieser Fangmethode die Käfer durch den Harz-
geruch der Kloben angelockt und nach den Schonungen hingezogen
werden. Forstmeister Beeling in Seesen theilt (Th. J. pag. 87)
mit, daß Hyl. abietis an Buchenlohden im Revier Hahausen fraß,
auch fremde Nadelhölzer namentlich A. Douglasii annahm. Versuche

mit eingesperrten Käfern ergaben die vollständigste Polyphagie. Von demselben Beobachter ist Piss. abietis (Rtzbg.) in Schwarzkiefern gefunden.

Oberförster von Oppen hat die böse Frage über die Generation des Hyl. abietis durch eine interessante Beobachtung noch schwieriger gemacht, als sie bisher schien. Der Käfer lebt nämlich länger als man dachte. Im Mai 1882 eingefangene Käfer, sahen auch den Lenz 1883, ja trotz hohen Alters begatteten sie sich sogar und die Weibchen legten Eier. Bei zwei Exemplaren war auch dann nicht der Lebensmuth erschöpft und am 15. August 1883 konnten sie noch als lebend genannt werden (Da. Z. 547).

Hylobius pinastri, ein dem abietis ähnlicher aber kleinerer Käfer, ist in großer Menge auf sächsischen Kulturen gefunden (Da. pag. 450). Pissodes notatus hat in den letzten Jahren und auch 1883 auf sehr weitem Gebiete die Kiefernculturen decimirt. Sein Auftreten steht wohl im Zusammenhange mit der reichen Fülle von Brut=material, was die wiederholt aufgetretene Schütte gezeitigt hat. Curculio obesus trat im Revier Christianstadt (Reg.=Bez. Frankfurt a./O.) auf.

Ueber Bost. typographus, curvidens und stenographus theilt Forstmeister Grunert einige Beobachtungen mit, die bei letzterem für doppelte Generation sprechen. (F. Bl. pag. 78.)

Die Frage der Wirkung von Fangbaumfällungen ist durch die Anregung, welche die Eichhoff'schen Schriften gaben, von Neuem theoretischen und practischen Erörterungen unterzogen. Das Resultat wirklicher Versuche, die Altum anstellte, wird (Da. Z. pag. 29) mitgetheilt. Ueber die Flugzeit der Käfer, die für die Kiefer in Be=tracht kommen, ist demnach Folgendes festgestellt:

Der Anflug hat vom ersten warmen Frühling an sowie vom 12. Tage der Fällung der ersten Fangbäume stetig abgenommen; an den am 15. Juni eingeschlagenen, welche nach Eichhoffs sicherer Erwartung mit einer unendlich großen Masse von Insecten aller Art besetzt werden mußten, waren nach vollen 4 Wochen nur 3 oder 5 Brut=gänge von Hyl. piniperda; doch außer diesen an dem gegen 1 cm im Durchmesser starken Reisig mehrere Sterngänge von Bostrichus bidens. Von da ab, also an den am 15. Juli, August, September eingeschlagenen Stämmen fand sich so gut wie gar nichts.

Auch über die Zahl der Generationen bei den Borkenkäfern bleibt die Verschiedenheit der Ansichten zwischen Altum und Eichhoff bestehen.

Professor Nüßlin-Karlsruhe faßt die aus 1882 gemachten Beobachtungen über die Fangbäume dahin zusammen, daß die in der zweiten Hälfte des August gefällten fast ohne Nutzen waren sowohl in der Ebene, als im Gebirge und von den früheren Fangbäumen hatten weitaus nicht alle einen vollen Erfolg aufzuweisen. N. hält aber die Erscheinungen von 1882 nicht für normal, die nasse Witterung hielt die Entwickelung in hohem Maße zurück. Im Jahre 1881 war das Leben der Insecten ein weit regeres, der Käferanflug im Spätsommer und Herbst war häufig, der Fangbaum durchaus nicht unnütz. Hieraus folgt, daß auch für die Fällung der Fangbäume eine Generalregel kaum aufstellbar sein wird.

Das Eichhoffsche Mittel gegen den Maikäfer-Engerlingsfraß, nämlich Auslegung von feinrindigen Fangknüppeln, ist im größeren Umfange in Preußischen Revieren zur Ausführung gelangt; das Resultat ist jedoch noch nicht bekannt. In Mähren sind für 1 hl Maikäfer 2 Gulden, für 1 hl Engerlinge 10 fl. Sammlerlohn (F. C. Bl. pag. 230) bezahlt worden und ist damit endlich einmal wenigstens ein Versuch gemacht der Calamität energisch auf den Leib zu rücken.

Ueber die Mittel, welche gegen das Schälen des Rothwildes angewendet werden können, ist viel verhandelt. Das Holfeldsche vegetabilische Wildfutterpulver, für dessen Herstellung das Recept (v. S. C. Bl. pag. 556) veröffentlicht wird, ist an manchen Orten mit Erfolg angewendet. (v. S. C. Bl. pag. 234) Im schlesischen Forstverein wurde namentlich das Futtern mit getrockneten Büscheln von Erlen, Linden, Aspen und canadischen Pappeln empfohlen.

Das Antheeren, welches gegen Verbeißen sich zu bewähren schien, hat, wie aus den Verhandlungen des Mecklenburgischen Forst-Vereins hervorgeht, doch nicht überall Erfolg gehabt. Auch Oberförster Schwarz zu Homburg theilt (Da. Z. pag. 136) mit, daß im Taunus das Mittel nichts geholfen hat.

Die Kaninchen soll man dadurch vertilgen können, daß man einigen Exemplaren die Räude einimpft.

c) Forstgeschichte.

Selbstständige Werke:

a. **Heß**, Lebensbilder hervorragender Forstmänner und um das Forstwesen verdienter Mathematiker, Naturforscher und National-öconomen. Erste Hälfte bis Maron. Berlin, Parey.

b. **Schwappach**, Grundriß der Forst- und Jagdgeschichte Deutschlands. Berlin, Springer.

c. **Kraft**, Heinrich Burckhardt. Ein Lebensbild. Hannover, Danert.

d. **Jahresbericht** über die Leistungen und Fortschritte in der Forstwirthschaft. Zusammengestellt von Oberförster Saalborn. Vierter und fünfter Jahrgang. Frankfurt a. M., Sauerländer.

e. **Chronik** des deutschen Forstwesens im Jahre 1882, desgl. 1883. Bearbeitet vom Forstmeister W. Weise. Berlin, Springer.

f. **Eggert**, Die Bewegung der Holzpreise und Tagelohn-Sätze in den preuß. Staatsforsten von 1800—1879. Berlin, Verl. des statist. Bureaus.

Das Interesse an geschichtlicher Forschung ist seit dem Erscheinen des bahnbrechenden Bernhardt'schen Werkes in stetem Wachsen geblieben. Während früher die Forstgeschichte im Lehrplan unserer Unterrichts-Anstalten gar keine oder nur die allerbescheidenste Stätte fand, ist sie jetzt als gleichberechtigtes Glied den anderen Disciplinen zur Seite getreten. Von den diesjährigen in Journalen erschienenen Arbeiten beanspruchte einmal die durch Oberförster Ney veröffentlichte (Suppl. z. Allg. F. u. J. XII. 1) Forst- und Waldordnung der Pfalzgrafschaft bei Rhein unser Interesse, dann aber und in noch höherem Maße die durch v. Fischbach in Da. Z. im Anschluß an 1882 fortgesetzte Serie von Beiträgen zur historischen Entwicklung einiger forstlicher Lehren. Es ist diesmal behandelt: die natürliche Verjüngung im Hochwalde und die künstliche Verjüngung; letztere ist namentlich, soweit sie Pflanzung von Eichen angeht, althergebracht, aber auch die Saat ist im 16. Jahrhundert schon mehr verbreitet, als man früher annahm. In einem weiteren Aufsatze wird die Hegezeit besprochen, die frühe Erkenntniß der großen Schädlichkeit der Ziegen, ferner der Reinigungs- und Auszugshieb. Endlich sind alte Bestimmungen über Stockhöhe, Stockholznutzung und Baumrodung gegeben. Wir heben ferner hervor die Untersuchungen über die Entwickelung des Waldfeldbaues, über die Anschauungen betr. das Streurechen, die Studie über den Beginn des Waldausschlachtens, die Bemühungen, der Holzverschwendung vorzubeugen, sowohl bei der Aufarbeitung — Verbot betr. Anwendung der Axt — wie beim Verbrauch.

d) Forstbenutzung und Waldwegebau.

a. Gayer, Prof. Dr., Die Forstbenutzung. 6. umgearbeitete Auflage. Berlin, Parey.

b. Grebe, Die Forstbenutzung. Aus dem Nachlasse des Oberforstraths Dr. G. König. 3. Auflage. Wien, Braumüller.

c. Buresch, Der Schutz des Holzes gegen Fäulniß und sonstiges Verderben. Zweite neu bearbeitete Auflage der 1859 vom sächsischen Ingenieur-Verein gekrönten Preisschrift: Ueber die verschiedenen Verfahrungsarten und Apparate, welche beim Imprägniren der Hölzer Anwendung gefunden haben. Dresden, Kunze.

d. Sykyta, Das Holz, dessen Benennungen, Eigenschaften, Krankheiten und Fehler. Prag, Dominicus.

e. v. Mendel, Die Torfstreu, ihre Herstellung und Verwendung. Bremen, Heinsius.

f. Die Werkzeuge und Maschinen zur Holzbearbeitung, ausschließlich der Sägen. Von Karl Pfaff, unter Mitwirkung von W. F. Exner. Mit einem Atlas.

g. Krüger, Die Lehre von den Brennmaterialien. Jena, Costenoble.

h. R. Hartig, Die Unterscheidungsmerkmale der wichtigeren in Deutschland wachsenden Hölzer. 2. Auflage. München, Rieger.

i. v. Nördlinger, Querschnitte von 100 Holzarten. Stuttgart, Cotta.

Die Zeit, in welcher der öffentliche meistbietende Verkauf der Waldproducte das unbedingt herrschende Verfahren der Verwerthung war, liegt hinter uns. Wir haben erkennen müssen, daß die auf den Licitationen erzielten Preise nicht mehr die richtigen sind, seitdem sich die zu den Terminen erschienenen Käufer regelmäßig vereinigen und die Compagniegeschäfte in ein System gebracht sind. Augenblicklich sind die verschiedensten Verkaufsarten versucht und die Ansichten über

die zweckmäßigste gehen, wie die Verhandlungen im schlesischen Forst=
Verein beweisen, noch weit auseinander.

Oberförster **Biedermann=Dippmansdorf** kommt nach einer Kritik
der verschiedenen Verfahren zu dem Schlusse, daß das Meistgebots=
Verfahren mit schriftlicher Abgabe der Gebote — das Submissions=
Verfahren — für die Verwerthung größerer Massen gleichartiger
Sortimente, insbesondere von Bau= und Nutzhölzern, die geringsten
Schattenseiten hat. An Beispielen aus der Wirthschaftspraxis zeigt
B., wie erheblich besser die Verkaufspreise für den Waldbesitzer sich
stellen und dabei wohl derjenige Vortheil den Forstkassen wieder zu=
fließt, den in den letzten Jahren die für jeden Verkaufstermin schnell
sich bildenden resp. ständige Käufercompagnien für sich einstrichen.
Was B. über die Tactik dieser Compagnien mittheilt, wie es ihnen
möglich, in den Licitationsterminen die Alleinherrschaft zu erhalten, ist
von großem Interesse. (Da. Z. pag. 289.)

Oberförster **Denzin=Grüssau** theilt Da. Z. pag. 51 mit, daß
in seinem Reviere bereits seit 1879 ein großer Theil des Einschlages
auf dem Stocke verkauft wird und veröffentlicht die Bedingungen.
Auch im schlesischen Forst=Verein ist eine Mittheilung von ihm darüber
gemacht.

Was die Verwendung des Holzes betrifft, so stecken wir noch
immer in der Krisis. Wir haben auf der einen Seite verloren, auf
der anderen Seite gewonnen. Vielleicht überwiegt der Gewinn. Alle
Forstleute, sagt Dr. **Weber=München** (B. C. pag. 1), sind zur
Zeit darüber einig, daß es mit der reinen Brennholzwirthschaft wohl
für immer vorbei ist. Aber auch die alten Verwendungsweisen des
Nutzholzes sind vielfach an Surrogate übergegangen. Das wirkt
herabmindernd auf die Preise des Holzes und die Waldrenten. In
der That weisen die Budgets sämmtlicher deutschen Staaten seit 1876
einen Rückgang der jährlichen Einnahmen aus den Forsten auf, welcher
für das ganze Reich gegenwärtig auf ca. 28 Millionen Mark pro
Jahr taxirt wird. Unter diesen Verhältnissen muß die Erhaltung,
Pflege und Hebung der holzverarbeitenden Privatindustrie die Parole
sein, unter der die Waldbesitzer und Forstverwaltungen ans Werk gehen,
um sich neue Absatzquellen zu eröffnen. Vom privatwirthschaftlichen
Standpunkte giebt W. als Mittel zum Zwecke an: Die Verbesserung

der Kommunicationswege, die Erleichterung der Anlage von Fabriken, die Möglichkeit eines nachhaltigen Bezuges von einem bestimmten Quantum einer oder mehrerer Holzarten, Rücksichtnahme auf die Forderungen der lokalen Industrieen bei Festsetzung der Umtriebszeiten, Beweglichkeit der Holzpreise bei Lieferungen je nach der bestehenden Conjunctur, Gewährung eines nach den persönlichen Verhältnissen des Unternehmers bemessenen Credits. Vom Standpunkte der Staats= wirthschaft aus sind diese Mittel mehrfach erheblich zu modificiren. Denn sie muß auch den Schein einer parteiischen Vereingenommenheit oder etwaiger Bevorzugung einzelner Käufer aufs sorgfältigste meiden. Ferner ist sie hinsichtlich der Creditgebung und der Lieferungscontracte ganz unter die Vorschriften der Finanzgesetzgebung gestellt, welche hierin nur einen sehr kleinen Spielraum zulassen darf. Endlich bringt es der ganze Verrechnungsmodus und die Art der Revision mit sich, daß ein mehr geschäftlicher kaufmännischer Betrieb weniger durch= führbar ist. Der Staat hat aber die Macht und Mittel anderweiter Hülfe, solche liegt in der Zollpolitik, in der Tarifpolitik der Eisen= bahnen, in der Förderung der industriellen Arbeiten durch Unterricht und Verschaffung guter Vorbilder. Der Verfasser geht dann auf einzelne Branchen der holzverarbeitenden Industrieen über, um die eminente Bedeutung nachzuweisen, welche dieselben für die Rentabilität der Waldungen haben. Besprochen sind 1883 die Holzstoffindustrie, die Cellulosefabrikation. Nach Voranschickung historischer Notizen werden die verschiedenen Verfahren geschildert und die verbrauchten Quantitäten der 293 Holzstofffabriken pro Jahr auf 146,000 Fm. berechnet d. h. so hoch, daß 30000 ha Nadelholzwald erforderlich sind, um diesen Consum nachhaltig zu decken. Die hierbei unter= gelegten Ansätze sind niedrig bemessen, so daß das wirkliche Resultat keinenfalls dahinter zurückbleibt. Für die Cellulosefabrikation werden noch höhere Massen verwendet. Die Aschaffenburger Fabrik verarbeitet pro Tag 70 Rm. stärkeres Kiefernrundholz, bei 330 Arbeitstagen im Jahr also 23100 Rm. Wenn nun auch dieses vielleicht die leistungs= fähigste Fabrik Deutschlands ist, so darf man doch im Durchschnitt für die sämmtlichen 22 Fabriken des Deutschen Reiches 35 Rm. pro Tag rechnen, so daß der jährliche Verbrauch mit 231000 Rm. Nadelholz nicht zu hoch taxirt ist. Die Cellulose=Industriellen standen übrigens in diesem Jahre unter dem Einflusse des Mitscherlich'schen Patentstreites. Das erste Urtheil lautete auf Vernichtung des Patents, doch ist das letzte Wort in der Angelegenheit noch nicht gesprochen. Prof. Dr. Mitscherlich hat unter allen Umständen das Verdienst, dem nach ihm benannten Verfahren, die Cellulose herzustellen, eine Bedeutung verliehen und dem Walde grade für Holz, was sonst schwer absetzbar ist, Verwendung gegeben zu haben. Wenn wirklich bereits früher, wie also nach dem jetzigen Stande des Patentstreits anzunehmen ist, das Verfahren beschrieben ist, so ist es doch thatsächlich nicht möglich gewesen, es nutzbar anzuwenden. Uns Deutschen pflegt man sonst nachzusagen, daß wir wohl etwas erfinden können, daß uns aber die Fähigkeit abgeht, die Gedanken practisch verwendbar zu machen. Hier liegt einmal die Sache anders, ein Deutscher war es, der einer Erfindung die practische Seite abgewann. M. hat aber auch gezeigt, daß die Herrichtung eines Laboratoriums an einer Forstacademie hohe Früchte für die Rentabilität der Waldungen bringen kann. Die Arbeiten auf dem Gebiete der chemischen Umwandlung des Holzes sind noch lange nicht abgeschlossen und manche Frucht kann daraus zum Segen der Waldwirthschaft erwachsen. In einem Aufsatze, den Dr. Bersch in der Oe. F. Z. veröffentlicht, heißt es: Wenn einmal die Verwerthung des Holzes auf chemischem Wege eine allgemeine geworden ist, wird es keinem Fabrikanten mehr einfallen, die kostspieligen stärkemehlhaltigen Materialien Getreide und Kartoffel zum Ausgangspunkte der Spiritus und Essigfabrication zu machen; man wird nur noch Holz zu diesem Zwecke verwenden. Wälder, welche bis jetzt nicht so viel Ertrágniß gaben, daß sie überhaupt als ein Zinsen tragendes Capital anerkannt wurden, werden dann für ihre Eigenthümer zu einem höchst werthvollen Besitzthume, welches sorgfältig gepflegt werden wird. Mit der erhöhten Ertragsfähigkeit des Waldes hängt aus leicht erklärbaren Gründen die Einführung einer guten Forstwirthschaft zusammen; die Verwerthung des Holzes auf chemischem Wege gibt gleichzeitig die Bürgschaft für die Rentabilität der Wälder und in Folge dessen auch Garantie für eine rationelle Forstwirthschaft.

Ueber die Holzdestillationsindustrie in Nordamerika bringt die Z. d. d. F. pag. 523 folgende Notiz: Als Producte einer Klafter guten Fichtenholzes geben die Fabrikanten an rot. 68 l. Terpentin, 363 l. Fichtenöl, 681 l. Holzsäure, 45 Pfund vegetabilischen Asphalt, 1800 l. Holzkohle, 3—4000 Kubikfuß Gas. Die Fabrikation ist in Händen einer Gesellschaft, das Verfahren patentirt. Zur Herrichtung einer Fabrik ist ein Kapital von nur 2000 Dollars, zu ihrer Bedienung nur ein Mann erforderlich. Eine Fabrik stellt binnen Jahresfrist Producte im Werthe von mindestens 6000 Dollars her.

Auf dem Gebiete der Holzimprägnirung ist sehr viel bereits erreicht, zweifellos aber wird noch mehr entdeckt werden. Wer möchte aber den großen Einfluß davon auf die Rentabilität der Wälder leugnen. So reifen z. B. jetzt die Erfahrungen über die Wirkung des Imprägnirens beim Buchenholz. Es zeigt sich, daß die Dauer dieses Holzes in ganz außerordentlicher Weise erhöht ist. Zweifellos wird sich nun auch das Vorurtheil der deutschen Bahnverwaltungen gegen die Buchenschwelle heben, ist doch im Verein für Eisenbahnkunde die Verwendung des Buchenholzes schon mit dem Resultat besprochen, daß es, richtig behandelt und richtig imprägnirt, sehr brauchbar ist. (F. Bl. pag. 337.) Auch hier wieder ist aber die schnelle Verwendung des Holzes hervorgehoben und ich möchte daher auch bei dieser Gelegenheit allen Collegen von Neuem ans Herz legen, das eingeschlagene Holz möglichst bald zum Verkauf zu bringen. Wie weit sich bei größerer Schwellenholzausnutzung die Rente der Buchenwaldungen erhöht, wird sich zeigen. Vorläufig betrachten die meisten Forstleute ja die Buche als Schmerzenskind, und die Frage, wie man seine Rente erhöhen könne, steht gar oft auf der Tages = Ordnung. So dieses Mal im Thüringischen F. V. Oberlandforstmeister Dr. Grebe schlug dreierlei vor: die Förderung des Zuwachses durch intensiven Durchforstungs = resp. Lichtungsbetrieb, als dessen Consequenz sich eine raschere Erzielung von Starkholz und Abkürzung der Umtriebszeit ergeben würde, sodann die systematische Einsprengung edlerer d. h. rentablerer Holzarten, endlich größere Intensität in der Gewinnung der Nutzhölzer. Der Kernpunct der ganzen Frage liegt m. A. in dem letzten Puncte, nur dadurch kann der Gegenwart geholfen werden, alle anderen Maßnahmen sollen erst in einer fernen Zukunft wirken. Die Sache liegt aber so, daß wenn wir für die Gegenwart d. h. für die jetzt vor-

handenen zumeist reinen Bestände die Frage durch größeren Nutzholz=
absatz, durch größere Verwendung des Buchenholzes lösen, sie aller
menschlichen Voraussicht nach überhaupt gelöst ist. Ich kann nur immer
wieder darauf hinweisen, daß allen statistischen Zahlen zum Trotz, schon
heute factisch das Buchennutzholzprocent ein viel höheres ist, als man denkt.
Den meisten Forstverwaltungen kann sodann der Vorwurf nicht
erspart werden, daß sie selbst durch hohe Taxen den Nutzholzconsum
künstlich niederhalten. Man setze grundsätzlich die Nutzholz=Taxe für
Buchen so hoch wie die für Nadelholz und es wird dann eine ehrliche
Concurrenz hergestellt sein.

Interessant ist, wie ein Holzhändler sich in v. S. C. B. pag. 523
über die Nutzbarkeit der Buche äußert: Er bespricht zunächst die
Absatzverhältnisse für die Bukowina und die Frage, ob die dortigen
Wälder den Bedarf an Buchennutzholz für die Möbelfabrication decken
können, dann fährt er fort: In Inneroesterreich kann für jeden Buchen=
span, für jedes Aestchen Verwerthung gefunden werden, denn was
nicht zu Möbellatten geeignet, findet seine Verwerthung in 1 bis 4zölligen
Pfosten; was nicht zu Nutzholz tauglich, wird zu guten Preisen als
Brennholz abgesetzt; selbst die Schwarte besitzt noch Nutzholzwerth,
indem aus derselben kurze, drei Linien starke Brettchen gemacht werden,
die als Faßdauben einen nicht zu unterschätzenden Handelsartikel bilden.

In einem ganz anderen Lichte sieht Forstrath Heiß=Landshut die
Sache an: Er bespricht in einem Aufsatze (B. C. pag. 446) die Ersatz=
mittel für das Holz und setzt die Maßregeln auseinander, welche von
Seiten der Waldbesitzer zu ergreifen sind, um der weiteren Verbreitung
der Surrogate und der Verdrängung des Holzes entgegen zu wirken.
Auf dem Brennholzmarkt, sagt auch er, ist wenig zu machen, wir
müssen deshalb die Brennholzproduction nach Möglichkeit einschränken.
Der Buchenhochwald ist daher aufzugeben. „Wer nicht einer ganz
verwerflichen Liebhaberei, die sich doch nur der Besitzer des Waldes
erlauben darf, für die Buche huldigt, muß einsehen, daß die Buche
in Zukunft nur mehr Mittel zum Zwecke sein und die Beimischung
also nur immer so weit ausgedehnt werden darf als es der zu errei=
chende Zweck unbedingt erfordert." Weiterhin bringt H. dann sehr
beachtenswerthe Winke über die Verwerthung des Holzes. Die Preise
des Brennholzes sind — wenn man noch Verwendung für dasselbe

haben will — nach denen der Mineralkohle zu normiren, denn diese beherrscht den Markt. Auch die Preise des Nutzholzes sind nach denen der in Betracht kommenden Surrogate zu regeln und zwar so, daß die Verwendung des Holzes gegenüber seinen Ersatzmitteln vortheilhaft erscheint. „Der Forstmann muß Kaufmann sein oder besser gesagt: er muß mehr Kaufmann werden." Er muß jede Gelegenheit zu günstigem Verkauf benutzen und solche selbst herbeizuführen suchen, er muß den Wünschen des Käufers nach allen Richtungen gerecht werden und durch eine möglichst gute Sortirung der Waare auch den Schein meiden, als beabsichtige er irgend eine, sei es auch nur die kleinste Uebervortheilung des Käufers. Der Verkaufsmodus ist den jeweiligen Verhältnissen anzupassen. Viel kann unter Umständen der Verkauf des Holzes vor dem Hiebe wirken. Will man den höchsten Vortheil aus diesem Verfahren ziehen, so muß man freilich auch freien Spielraum bezüglich der Erfüllung des Material=Etats haben, d. h. man muß in günstigen Jahren mehr, in ungünstigen weniger hauen dürfen.

Vielleicht sind wir übrigens jetzt auf einem Puncte angelangt, wo das Holz anfängt, sich von den Surrogaten, namentlich dem Eisen, Verwendungen zurückzuerobern. Auf die Leistungen des Holzes bei Eisenbahnbrücken z. B. macht Hoffmann=Berlin (F. Bl. pag. 252) aufmerksam und fordert zu gründlichen Untersuchungen in einem Specialfalle auf, wo eine hölzerne Brücke, die nur eine bestimmte Reihe von Jahren dienen sollte, jetzt nach 35 Jahren noch stand und sehr gesundes Holz zeigte. Aus der De. F. Z. entnehmen wir folgende Notiz: Wie die Londoner „City Preß" mittheilt, hat man bei einer Reihe von Feuersbrünsten die Erfahrung gemacht, daß das Eisen die bezüglich seiner Widerstandsfähigkeit gegen Feuer gehegten Erwartungen nur in geringem Grad realisirt hat. Das Eisen wird durch die Hitze rothglühend und sobald beim Löschen das kalte Wasser damit in Berührung kommt, entsteht eine plötzliche Contraction, das Eisen bricht und die Gebäude stürzen zusammen. Man glaubt deshalb, daß solide eichene Balken und Träger, sowie feste Eichendielen eine größere Sicherheit gewähren als Eisen.

Vielleicht hilft der Holzverwendung auch die sich allmälig erwei=ternde Kenntniß der technischen Eigenschaften des Holzes. Sind wir erst in der Lage, bestimmen zu können, wie das Holz für bestimmte Verwendungskategorien beschaffen, wo es gewachsen sein muß, so werden wir leichter üble Erfahrungen vermeiden können als jetzt, wo noch manches auf diesem Gebiete ein Räthsel ist.

Prof. Tetmajer in Zürich hat die Festigkeit der Hölzer untersucht und dabei einige sehr interessante aber auch auffallende Resultate erhalten wie z. B., daß das Weißtannenholz, was in Lagen über 1300 m gewachsen ist, von geringerer Qualität ist, als das aus tieferliegenden Standorten, daß die südliche Exposition hinter der nördlichen zurücksteht. Auch bei der Fichte tritt das letztere, aber weniger deutlich, hervor. Die Lärche giebt in Lagen bis zu 1300 m besseres (!) Holz als in höheren. (Schw. Z. pag. 211. Oe. F. Z.)

Zur Beantwortung der Frage des Einflusses von Sommer- und Winterfällung bringt Marchet in der Oe. F. Z. folgendes Untersuchungsresultat über die Festigkeit. Fichten- oder Kiefernstämme, welche im Winter gefällt wurden, haben, 2—3 Monate nach ihrer Fällung geprüft, unter sonst gleichen Umständen eine um ca. 25% größere Festigkeit gezeigt, als solche, die im Sommer geschlagen wurden.

Nach allen Zeichen der Zeit zu urtheilen, wird die Waldrente in den nächsten Jahren eine weitersteigende Richtung behalten, aber nur dann, wenn der Einzelne sowohl wie der Staat, jeder nach seinen Kräften, alles thut, um die Wege dafür zu ebenen und Hindernisse zu beseitigen. Sehr zeitgemäß waren die Verhandlungen der Versammlung deutscher Forstmänner über die Frage: In welcher Weise kann der Staat zur Hebung der Holzindustrie beitragen? Beide Referenten brachten eine Fülle von beachtenswerthen Gesichtspunkten hervor. Der Referent Oberforstmeister Solf empfahl, nachdem er ein Streiflicht auf die Erziehungsarten hatte fallen lassen, die Gründung eines allgemeinen Publicationsorganes, die Feststellung des dauernden Bedarfs an Nutzholz, den Verkauf des Nutzholzes vor der Fällung, den gleichzeitigen Verkauf großer Holzmassen, die Bewilligung langer Abfuhr und Zahlungsfristen, Ausdehnung von freihändigen Holzabgaben, Abschluß von Lieferungsverträgen, Verminderung der Transportkosten durch Herstellung von Communicationsmitteln, Entrindung der Hölzer, Bearbeitung derselben im Walde, Beschaffung geeigneter Lagerplätze an den Verfrachtungsstellen. Dr. Weber-München als

Correferent ging namentlich auf die einzelnen holzverarbeitenden Ge=
werbe ein und hob die Mittel und Wege hervor, wie deren Thätigkeit
zu beleben sei. Auf den gedankenreichen, festgegliederten Vortrag,
aus dem Einzelheiten nicht gut hier herausgenommen werden können,
mag besonders hingewiesen sein. Der dritte Redner Forstmeister
Runnebaum=Eberswalde wies auf die hohe Bedeutung hin, die ein
rationell angelegtes und vollkommenes Netz von Verkehrswegen für
die Absatzfähigkeit des Holzes hat. Als ein sehr beachtenswerthes
Glied in der Kette der verschiedenen Transportmittel hat sich nach
den inzwischen eingetretenen Vervollkommnungen die Geleislegung im
Walde erwiesen. Es ist namentlich die Oest. F. Z., die durch Bild
und Schrift uns über die erforderlichen Herrichtungen und Bauten,
über die Wagen, den Transport selbst u. a. belehrt.

Auch wollen wir auf die Beschreibung der Rollbahn des
Beslinacer Berg= und Hüttenwerks im Banalbezirk der Militair=
grenze hinweisen. (Oest. V. pag. 312.)

Die Arbeiterfrage, die ja auf die Rentabilität der Waldwirth=
schaft ebenfalls von großer Bedeutung ist, trat gegen 1882 mehr
in den Hintergrund. Man verhandelte über die Organisation von
Hülfskassen im sächsischen Forstverein. Aus dem schlesischen
Forstverein hören wir, daß die Bildung von Arbeiter=Hülfs=
kassen mehrfach versucht sei, aber nicht zum Erfolg geführt
habe. Durch die Debatte wurde ein bestimmtes Resultat nicht
erzielt. Man war darüber einig, daß eine Sicherstellung der Arbeiter
wünschenswerth sei, daß aber der richtige Weg, den man einzuschlagen
habe, bis jetzt nicht aufgefunden sei. (Da. Z. pag. 541.)

Landforstmeister von Baumbach bringt die Bestimmungen für
die Waldarbeiter=Unterstützungsvereine des Kasseler Bezirks durch
Da. Z. pag. 235 zur allgemeinen Kenntniß. Die Kassen bestanden
schon zu hessischer Zeit und sind seit einigen Jahren reorganisirt.
1882 sind 931 Arbeiter unterstützt mit 7872 M. Die Staats=
unterstützung belief sich dabei nur auf 590 M. Die Beiträge der
Arbeiter bestehen in einem Eintrittsgelde von 1 M. und einer Ab=
gabe von 2 pCt. des verdienten Lohnes.

Von der Mineralgerbung hat man auch 1883 nicht viel gehört.
Ein vom Forstassessor v. Alten verfaßter Aufsatz giebt einen Ueber=

blick über den Stand der Sache. Die Lage ist derartig, daß wir der Mineralgerbung zur Zeit keine directe Gefährdung weder der Leder=industrie noch der Schälwaldwirthschaft zuschreiben, können sie aber auch nicht ohne Weiteres von der Hand weisen, werden ihre Fort=schritte mit Interesse verfolgen und können ihr nicht so die Möglichkeit des Erfolgs absprechen, wie es wohl von Seiten der Lohgerber geschieht. Dr. Councler fügt der Darstellung hinzu: ein Hauptvor=wurf, von welchem das mineralgare Leder nicht freigesprochen werden kann, ist der, daß allem Anscheine nach die zu seiner Herstellung ver=wendeten Chemikalien die Hautsubstanz zu energisch angreifen und dabei zum Theil zerstören. Am wenigsten concurrenzfähig dürfte das eisengare Leder sein. — Derselbe Autor berechnet den Preis von 1 kg Gerb=stoff in Form von Dalmatiner Sumach auf 2,11 M., von Istrianer 2,12 M.; in Form von Eichenlohe ist dagegen der Preis nur 1,20 M., von Quebrachoholz nur 1,00 M., in Form von Mimosenrinde, die jetzt in großen Mengen aus planmäßig betriebenen Schälwaldungen Australiens kommt, 1,38—1,90 M. (Da. Z. pag. 218, 524.)

Forstmeister Hellwig zu Pirmasens giebt uns (v. B. C. pag. 9) an der Hand einer in Nürnberg s. Z. ausgestellten Sammlung eine Uebersicht über die z. Z. verwendeten Gerbstoffe und fügt jedem, „so weit dies zu ermitteln war," bei: den Gerbstoffgehalt in Procenten, den Ort des Vorkommens nach geographischen Gebieten und Boden=verhältnissen, die Lederart, welche davon fabricirt wird, die ungefähre Bedeutung nach der Menge des Verbrauchs und den Preis pro 50 kg loco Pirmasens. Von Interesse ist weiter die Bemerkung, daß die Gerber in der Praxis sich nicht mehr allein auf Geruch, Geschmack und äußeres Ansehen der Rinde verlassen, vielmehr der chemischen Analyse wesentliche Aufmerksamkeit schenken und bereits Ver=zeichnisse über die Tanningehalte der Eichenlohe von fast allen wichtigen Schälschlägen der Pirmasenser Umgebung haben.

Auf Moorboden erwachsene Eichenrinde fand Councler=Ebers=walde sehr gerbstoffreich. Außerdem besaß sie noch die vorzügliche Eigenschaft, daß darin fast gar kein Farbstoff enthalten war. Die gemahlene Rinde ist gelblich=weiß, die damit erzeugte Lohbrühe unge=wöhnlich hell und kann zur Herstellung heller Leder benutzt werden. (Da. Z. pag. 45.)

Ein von Keller in Beurig beschriebenes Verfahren, Lohrinden zu trocknen, erfahren wir durch Oberforstmeister Grunert (F. Bl. pag. 75): Man läßt beim Schälen der Lohe einzelne starke Stangen, an der sich in ca. 2 cm Höhe eine Gabel befindet, stehen und legt auf je zwei derselben eine starke Stange. Die in 2 m langen Schalen gewonnene Rinde wird zu 14—20 Stück ungefähr 60 cm von der Spitze gebunden. Ein weiteres Band an dieser soll das Auseinanderklaffen der Rinde dort verhindern. Diese Bunde werden rittlings in angemessenen Entfernungen von einander auf die Stange gesetzt, und dort bis zum Trocknen gelassen.

Es sei mir gestattet, hier noch einen kleinen Kehraus von einzelnen Notizen zu bringen:

Professor Heß-Gießen beziffert den Vortheil der Stocksprengung vor der Handarbeit (v. B. C. pag. 146) sehr hoch, so daß letztere eigentlich nicht mehr concurriren sollte.

In Württemberg ist die Klassification der Stangen im Anschluß an die Vereinbarungen für das deutsche Reich neugeordnet und haben dabei Ermittelungen der Festgehalte stattgefunden, um sichere Umrechnungsgrößen zu erhalten. (Allg. F. 315.)

Ueber Fällung, Bringung und Verwerthung des Holzes im Jachenthal Seitens der Holzbauern enthält v. B. C. pag. 539 einen interessanten Aufsatz. Die Fällung beginnt, sobald die Bäume „saftig" werden. Die Heuernte unterbricht die Aufarbeitung. Der Beendigung des Hiebes folgt die Bringung des Holzes mit den verschiedensten meist sehr einfachen Mitteln. Sehr viel Werth wird auf eine gute Sortirung der Waare gelegt und diese demgemäß auch durchgeführt. Der Verkauf ist ein freihändiger.

Die Aussortirung von Kiefernpfahlholz bespricht Oberförster Schnittspahn (B. C. pag. 22), im Speciellen das im Odenwald übliche Verfahren.

Oberforstmeister Müller-Merseburg läßt uns einen Einblick in die hohe Bedeutung thun, welche ein planmäßiger und vernünftiger Ab- und Anbau der Moorflächen für Deutschland hat. Von den weiten großen Mooren Ostpreußens ist erst ein kleiner Theil nutzbar gemacht, das Hauptareal liegt noch ziemlich ertragslos, und doch können die Besitzer, wenn sie nur die Flächen verpachten wollen, schnell eine höhere Rente erhalten. Die Pächter auf den Labiauer Mooren zahlen durchschnittlich 20 M. pro ha, gewiß eine respectable Summe, wenn man bedenkt, daß die Cultur von Grund aus mühsam ge=schaffen werden muß. (Da. Z. pag. 345.)

Wie werthvoll für die armen Bewohner der Walddistricte die Ernte der Waldbeeren ist, erhellt aus der Thatsache, daß allein auf fünf Bahnhöfen im Kreise Göttingen im Monat Juli 312 000 kg Heidelbeeren und aus Uslar außerdem noch 9361 kg Himbeeren durch aufkaufende Händler verladen worden sind. Der Ausfuhrwerth dieses Beerenquantums beziffert sich auf fünfundvierzigtausend Mark (Oest. F. Z.).

e) Forsteinrichtung.

Selbstständige Werke:

a. Die Waldertragsregelung von weil. Dr. Carl Heyer. Dritte Auflage, bearbeitet von Dr. Gustav Heyer. Leipzig, G. Teubner.

b. Weise, Forstrath, Prof. W., Die Taxation der Privat= und Ge=meindeforsten nach dem Flächenfachwerk. Berlin, Springer.

c. Binder, Forstmeister. Instruction für die Anfertigung der forst=wirthschaftlichen Betriebspläne. Hermannstadt, Michaelis.

d. Meister, Stadtforstmeister. Die Stadtwaldungen von Zürich. Zürich, Orell Füßli.

e. Martin, Dr. Wegenetz = Eintheilung und Wirthschaftsplan in Gebirgsstraßen. Eine Darstellung der in Hessen-Nassau unter Leitung des Forstmeister Kaiser zur Ausführung kommenden Forsteinrichtungs=Arbeiten.

Aus dem Tharander Jahrbuche pag. 177 entnehmen wir, daß sich seit 1833 das procentuale Verhältniß zwischen den unter 60 und den über 60jährigen Hölzern nicht verändert hat, sowohl damals, wie 1881 ergaben sich 72 pCt. an jüngeren, 28 pCt. an über 60=jährigen. Die Zahlen werden nach der günstigen Seite hin modifi=cirt, wenn man den Zugang aus den damaligen Räumden und Blößen, denjenigen aus der Umwandlung der Mittelwälder in Hoch=wald und das angekaufte Areal berücksichtigt. Es wird ferner nach=gewiesen, daß sich der Durchschnittsvorrath pro ha von 161 fm in 1863 auf 186 fm in 1881 gehoben hat. Judeich glaubt, daß die Material=

Rente der sächsischen Staatsforsten durchaus noch nicht auf ihrem Maximum angelangt ist. Die Verbesserungen der Wirthschaft, welche im Anfang unseres Jahrhunderts begannen, zunächst die Einführung des Kahlschlagbetriebes in Verbindung mit tüchtiger künstlicher Cultur, Entwässerung, Bestandspflege 2c., eine vernünftige und consequent durchgeführte Forsteinrichtung, die Einschränkung der Waldneben= nutzungen und Ablösung der Waldservitute, alles dies konnte und kann nur allmälig günstige Folgen erkennen lassen. Da= her kommt es, daß wir bis heute fort und fort steigende Mate= rialerträge zu verzeichnen haben und noch für eine Reihe von Jahren mit ziemlicher Sicherheit erwarten können.

Von großem Interesse sind Zahlen, welche uns F.=Ingenieur Fincke im Th. J. B. pag. 18 als Resultate der im Forstbezirk Eibenstock stattgehabten Taxationsrevisionen mittheilt. Vorherrschend ist Fichte. Das Umtriebsalter, wie es aus der Flächennutzung sich ergiebt, ist 92 Jahr, das erwirthschaftete Nutzholzprocent beträgt 83. Leider ist hier nicht mitgetheilt, wie sich das wirkliche Durchschnitts= alter der genutzten Bestände gestellt hat. Die Ocularschätzung hat sich bis auf eine kleine Differenz von 1,5 pCt. als genau erwiesen. Die Abnutzung setzt sich zusammen aus dem Abtriebsertrage mit 64 pCt., der Zwischennutzung (Totalität) 26 und der Durchforstung mit 10 pCt. oder wenn man die Abnutzung 100 setzt, so beträgt die Zwischennutzung 10 pCt., die Durchforstung 16 pCt.

Mit besonderem Vergnügen habe ich einen Aufsatz von Ett= müller in Ehrenberg gelesen (Thar. J. B.), welcher die Frage, ob Hochwald oder Mittelwald, auf Aueboden bejahend für letzteren be= antwortet und mittheilt, daß in dem Kgl. Sächsischen Zwenkauer Revier mein 1878 in der „Taxation des Mittelwaldes" aufgestellter Satz: Jeder Altersklasse auf einem Mittelwaldschlage gebührt gleich große Fläche, durch die Forsteinrichtung in die Praxis übersetzt wird.

Denzin vertheidigt in einem Artikel (Allg. F. pag. 289) die= jenigen bereits früher mitgetheilten Ansichten über die Entwickelung der Fachwerksmethoden, welche von Judeich bei der dritten Auflage seiner Forsteinrichtung nicht acceptirt waren, namentlich die Defi= nitionen.

Die Verwaltungen der meisten deutschen Staats= und Korpora=

tionswaldungen haben sich seither bestrebt, alljährlich möglichst gleich=
mäßige Holzmassen zur Nutzung zu bringen. Die Erscheinungen der
letzten Jahre haben nun gezeigt, daß ein solcher Etat bedeutende
Nachtheile haben kann. Vor Allem hält sich dabei die Einnahme
nicht auf dem möglichen Maximum, weil die Schwankungen der Holz=
preise und die Handelsconjuncturen weder genügend berücksichtigt, ge=
schweige denn ausgenutzt werden. Bei Einhaltung eines jährlich
gleichen Etatssatzes wird eine bedeutend geringere Reineinnahme er=
zielt, als wenn die möglichst größten Holzmassen zu Zeiten des höch=
sten Preisstandes versilbert werden, weil einerseits die Zeiten des
höchsten Preisstandes nicht dadurch ausgenutzt werden können, daß
man möglichst viel Holz auf den Markt bringt, und weil andererseits
das Holz wieder zu Zeiten des niedersten Preisstandes oft zu wahren
Schleuderpreisen verkauft werden muß, ja oft überhaupt im Walde
liegen bleiben muß. Damit leitet Hähnle=Mergentheim einen Auf=
satz ein (Allg. F. pag. 325), in welchem er sich für schwankende
Abnutzungssätze ausspricht. Er kommt im weiteren Verlaufe dann
auf den Gedanken, daß die hohen Erträge des einen Jahres den
Ausfall des anderen decken könnten. Die Antwort auf die bei schwan=
kenden Nutzungen in den Vordergrund tretenden Fragen: Wie be=
stimmt man im Voraus zum Herbste, wie hoch voraussichtlich der
Holzpreis im kommenden Winter werden wird? und wie bestimmt
man, ob das normale Fällungsquantum oder ob mehr oder weniger
als dasselbe geschlagen werden soll, giebt H. folgendermaßen: Man
verschaffe sich eine zuverlässige Uebersicht über die im letzten Sommer
und Herbst eingeheimsten landwirthschaftlichen Ernten. Aus diesen
läßt sich unter Benutzung von graphischen Darstellungen, die der V.
giebt, ein Schluß auf den Holzpreis ziehen. Mehr als das normale
Quantum wird geschlagen, wenn eine Reihe sehr guter Ernten oder
wenn eine ausgezeichnete Ernte erfolgt ist, wenn zugleich Friede
herrscht und kein ausgedehnterer Insectenschaden, Wind und Schnee=
bruch aufgetreten ist, wenn ein Krieg mit einem mächtigen Nachbar
glücklich zu Ende geführt ist. Weniger als das normale Quantum
wird man bei mittleren Ernten oder unglücklichem Kriege hauen,
möglichst wenig bei drohender Kriegsgefahr.

Oberförster Ney widmete einen Passus seiner zu Straßburg

eingebrachten Resolutionen gleichfalls den schwankenden Material=
abnutzungen.

Endlich behandelt Weise in der Taxation der Kommunal= und
Privatforsten das Thema. Er entbindet die Wirthschaft von der
Verpflichtung, gleiche Quantitäten zu hauen, indem er die Geldwirth=
schaft von der technischen Wirthschaft trennt. Der ersteren wird die
Aufgabe zugetheilt, die ungleichen Jahreseinnahmen in möglichst gleich=
mäßig fließende Renten zu verwandeln. Um das zu erreichen, werden
zwei Hülfsmittel geboten. Das erste liegt darin, daß nicht die
Jahreseinnahme für fällig erklärt wird, sondern daß eine Rente be=
rechnet wird nach Maßgabe der normalen Flächenabnutzung und dem
Durchschnitt der für die Flächeneinheit in den letzten Jahren erzielten
Einnahmen. Diese Rechnung nach dem Durchschnitte ist an und für
sich bereits im Stande, sehr viel auszugleichen. Das zweite Mittel
besteht in der Bildung eines Reservefonds, der in guten Jahren die
Ueberschüsse aufnimmt, in schlechten die Ausfälle deckt und die Ga=
rantie für den möglichst gleichmäßigen Bezug der Rente giebt.

Aus dem sächsischen Forsteinrichtungsverfahren und seinem Detail
bespricht Neumeister=Tharand die Bedeutung und Bildung der
Hiebszüge. Auch auf das Studium dieses Artikels wollen wir be=
sonders hinweisen. N. unterscheidet bleibende und vorübergehende
Hiebszüge, letztere werden bedingt durch das vorhandene Bestands=
lagerungsverhältniß, sie haben den Zweck, die Gruppirung zu ver=
bessern. Ein Hiebzugsplan soll als Vervollständigung des Wirth=
schaftsplanes aufgestellt werden. Die Größe der Hiebszüge schwankt
zwischen 40 und 80 ha. Am günstigsten dürfte es sein, wenn der
Hiebszug 2 Abtheilungen umfaßt. Die Hiebszüge sind so zu isoliren,
daß sie als selbstständige Glieder des Ganzen auftreten können.

Die Grundzüge der in Hessen bestehenden Vorschriften über Be=
triebsregulirung und Etatsbestimmung theilt uns Oberförster Schnitt=
spahn zu König mit. (Allg. F. pag. 332.)

Die 1882 veröffentlichten Aphorismen über die Preuß. Staats=
forstverwaltung (Da. Z.) haben zu weiteren Besprechungen geführt.
Forstmeister Gericke=Breslau hat sich im speciellen die Trennung der
Abnutzungssätze für Haupt= und Vornutzung und die gesonderte
Behandlung beider herausgewählt. (Da. Z. pag. 140.) Er ist nicht

der Ansicht, daß die jetzige Einrichtung die Nachhaltigkeit der Nutzung gefährde und eine arge Arbeitsvermehrung verursache, hält aber mit v. d. Reck eine zweckmäßigere Einrichtung des Controlbuchs für möglich und wünschenswerth.

f) Holzmeßkunde.

Selbstständige Werke:

a. v. Baur, Die Holzmeßkunde. Anleitung zur Aufnahme der Bäume und Bestände nach Masse, Alter und Zuwachs. 3. Aufl. Wien, Braumüller.

b. Dr. Grundner, Untersuchungen über die Querflächen=Ermittelung der Holzbestände. Berlin, Springer.

c. Reuß, Die Baummeßkluppe mit Registrirapparat und Zählwerk. Prag, Selbstverlag.

d. Dr. Lorey, Ueber Baummassentafeln mit Beziehung auf die Untersuchungen der Kgl. Württembergischen forstlichen Versuchs=Anstalt. Tübingen.

e. Ueber den Genauigkeitsgrad bei Berechnung des Normalvorrathes mit Hilfe des Haubarkeitsdurchschnittszuwachses. Studie von Heinrich Strzelecki. Lemberg, Gubrynowicz und Schmidt.

f. Preßler, M. R., Forstliches Meßknechtspractikum. Tharand.

g. Preßler, Hofrath, Forstliche Cubirungstafeln.

h. Kubik=Tabellen für Metermaß, den Inhalt runder und vierkantiger Hölzer aufweisend. Herausgegeben vom Berliner Holzcomptoir. 3. Stereotypauflage. Berlin, Seehagen.

i. Ganghofer, Aug., Der praktische Holzrechner nach dem Metermaße. 3. Aufl. mit den Tabellen für das forstliche Versuchswesen und mit einer Umrechnung der bairischen Massentafeln in's Metermaß. Augsburg. Schmidsche Buchhhandlung.

Die neuen Ertragstafeln der deutschen forstlichen Versuchsanstalten werden von Borggreve in den F. Bl. pag. 353 einer kritischen Beleuchtung unterzogen. Sie gilt einmal dem Princip, dann den Folgerungen. B. stellt 7 Thesen auf, von denen hier nur die wesentlichsten abgekürzt gegeben werden können. Sie lauten in solcher Form: Die Zahlen der Tafeln sind für irgend welche wissenschaftliche Folgerungen allgemeiner Art nicht zu verwerthen. Die

Zahlen haben in der scheinbar wissenschaftlichen Rechtfertigung einer Abschwendung der Altholzbestände eine neue Gefahr für die Erhaltung der dauernd höchsten Nutzbarkeit und Rentabilität unseres Waldareals heraufbeschworen. Die thatsächlich gezogenen auf Herabsetzung der Umtriebe gerichteten Folgerungen wären aber selbst bei vollkommener Zuverlässigkeit des Wachthumsganges der Tafeln grundfalsch. Für die gewöhnlichen practischen Zwecke der Ertragsregelung und Wald=werthberechnung sind sie schlechter, als ziemlich alle älteren bekannten Ertragstafeln. Ertragstafeln können nur für beschränkte Waldgebiete und unter Voraussetzung eines festen Verjährungs= und Durch=forstungsprincips aufgestellt werden. Will man eine allgemeine Tafel aufstellen, so soll man etwa dem pag. 356 ff. d. forst. Bl. aufgestellten Princip folgen.

Nun, auf dem Gebiete der Ertragstafel=Aufstellung wird noch manches Wort gesprochen werden, bis wir mit der Sache im Reinen sind. Vorläufig heißt es noch immer, soviel Köpfe, soviel Meinungen, und auch Borggreve beklagt sich, daß man seinen früher aus=gesprochenen Ansichten nicht gefolgt ist. Die von v. Baur angekündigte Vertheidigung seiner Buche (Centralbl. de 1882 pag. 388) ist publicirt und zwar im Wesentlichen in Form eines Angriffs auf die Ertragstafeln für die Kiefern (B. Centr. pag. 369, 421). Die Weise'sche Antwort steht daselbst pag. 596 mit nachstehender Er=widerung von v. Baur. Das Schlußwort fehlt noch.

Lorey bringt in den Supplementen der Allgemeinen Forst= und Jagdzeitung neue Ertragstafeln für die Fichte. L. ist in der günstigen Lage, Unterlagen benutzen zu können, die bereits zweimal aufgenommen sind. Er arbeitet daher nicht mehr mit Punkten, sondern kurzen Curvenstücken. Die hiernach gezogenen Massencurven weichen von denen aus erster Aufnahme erheblich ab und nähern sich wesentlich dem Verlauf der von Kunze nach den sächsischen Aufnahmen gezogenen. Auch diese letzteren sind inzwischen zum zweiten Male aufgenommen. Die Resultate giebt Kunze in dem Supplement des Thar. J. B. III. 1 in gleicher Ausführlichkeit wie im Jahre 1877. K. hat das Material ebenfalls benutzt, um die Richtigkeit der früher aufgestellten Tafeln zu prüfen. Es hat sich dabei ergeben, daß der Verlauf der Curven mit den Neuaufnahmen in Einklang stand. K. schließt daraus, daß die vorläufig construirten Tafeln wirklich als Normalertragstafeln für Fichtenbestände, wie solche bei der jetzt noch in Sachsen herrschenden Bewirthschaftungsweise sich bilden, angesehen werden können. Nach der jetzigen Lage der Sache würde also Sachsen und Württemberg trotz der großen Differenz in der geographischen Lage sich in den Massencurven der Fichte sehr nahe gerückt sein. Spricht das für locale oder allgemeine Tafeln?

Prof. Schuberg-Karlsruhe veröffentlicht in den Supplementen zur Allg. F. u. J. einen längeren Aufsatz über die Kulminationszeit des Zuwachses bei Bäumen und Beständen und führt damit einen Theil seines Programmes über die Aufstellung der Ertragstafeln weiter aus. Er sortirt die im Walde aufgenommenen Bestände nach ihrem Stammreichthum und stellt danach besondere Ertragsreihen auf. Er kommt dabei neben anderen zu folgenden Sätzen:

daß innerhalb jeder Standortsklasse die Massenerzeugung der Flächeneinheit wenigstens bis gegen das Haubarkeitsalter hin bei Erhaltung einer größeren Stammzahl etwas zurückbleibt und

daß der Durchschnittszuwachs bei namhafter Stammzahldifferenz um so später culminirt, je stammreicher der Bestand ist. Die Culmination des Höhenzuwachses geht stets der des Durchmessers voran; in stammarmen Beständen folgt letztere aber schneller als in stammreichen.

Eine Ertragstafel für Stieleichenbestände, wie sie sich aus Probebeständen im Savethale herleiten, bringt die Oe. V. pag. 83.

Das vom Forstmeister Meister herausgegebene Buch, die Stadtwaldungen von Zürich, enthält Ertragstafeln für die Rothbuche auf Grund von 63 Probeflächenaufnahmen.

Die österreichische Vierteljahrsschrift (pag. 303) kündigt eine Reihe von Besprechungen an, die sich auf die Gegenstände des Versuchswesens beziehen. v. Guttenberg beginnt mit den Formzahl- und Massentafeln. Er hält es für wünschenswerth, daß für Nadelhölzer namentlich die Schaftformzahl Beachtung finden möge. Das Astholz soll nach Procentzahlen berechnet werden. Für Laubholz wird die Baumformzahl und Beifügung der Procente des Reisholzes an der Gesammtmasse gewünscht. Die absolute Formzahl ist lebhaft empfohlen;

hierbei reicht übrigens v. G. den Ansichten, die von der Preuß. Haupt=
station bisher verfochten sind, vollständig die Hand.

Eine einfache Methode der Ermittelung von Schaftformzahlen
theilt Strzelecki=Lemberg mit. Er berechnet sie aus dem Durch=
messer in Meßhöhe und demjenigen in halber Höhe unter Benutzung
der für das Paraboloid geltenden Sätze (v. S. C. pag. 430). Die
Formzahl ergiebt sich sehr einfach dadurch, daß man den in der
Mitte gefundenen Durchmesser durch den in Meßpunkthöhe dividirt
und den Quotienten mit 0,707 multiplicirt. Hat z. B. ein Stamm
in der Mitte 42,6 cm, unten 60, so ist der Quotient 0,71, die
Formzahl 0,707 . 0,71 = 0,50.

Eine Vertheidigung seines Standpunktes bezüglich der Auf=
stellung von Baummassentafeln und Berücksichtigung des Alters dabei
bringt Lorey (Allg. F. pag. 10). Der Aufsatz ist eine Entgegnung
auf die von Assistent Braza gemachten Einwände (Chronik 1882 pg. 42).

Die Berechnung der mittleren Bestandshöhe hat auch 1883 zu
mehrfachen Besprechungen Veranlassung gegeben (Allg. F. u. F.
pag. 119). Während sie früher allgemein als arithmetisches Mittel
der Höhen von Probestämmen hergeleitet wurde, ist die Berechnung
jetzt dahin berichtigt, daß man auch die Kreisflächenantheile, die hinter
jeder Höhe stehen, berücksichtigt. Ed. Heyer giebt den mathematischen
Beweis dafür, daß das erste Verfahren unrichtig ist und die wahre
Mittelhöhe nur durch Division der Summe aller Idealwalzen mit
den zugehörigen Kreisflächen gefunden werden kann. (Da. Z. pg. 221.)

Waldwerthberechnung.

Selbstständige Werke: Kraft, zur Praxis der Waldwerth=
berechnung und forstlichen Statik. Hannover, Klindworth.

Heyer, Dr. Gust., Anleitung zur Waldwerthberechnung. 3. verb.
Auflage. Mit einem Abriß der forstlichen Statik. Leipzig, Teubner.

Forstmeister Wagener=Cassel (Da. Z. pag. 355) versucht
dem practischen Forstmann die Waldwerthberechnung für Fälle der
Praxis leichter verdaulich zu machen. Waldwerthberechnungen, sagt
er, sind gewöhnlich für die practischen Forstwirthe besonders lästige
und schwer zu lösende Aufgaben. Die theoretische Entwickelung dieses

Lehrzweiges hat zwar mathematisch richtige Formeln für den Er=
wartungs= und Kostenwerth des Waldbodens und der normalen Holz=
bestände festgestellt; man kann auch die financielle Abtriebszeit der
abnormen Bestände sicher bestimmen und hierauf den entsprechenden
Verkaufs= und Bodenwerth auf die Gegenwart discontiren. Aber
bei dem ersten Versuch der practischen Anwendung dieser Formeln
begegnet man kaum zu besiegenden Schwierigkeiten und Unsicherheiten.
Wagener giebt nun Tabellen, die bereits Rechnungsresultate ent=
halten, und knüpft die Anwendung an den jährlichen Durchschnitts=
zuwachs im 80. Jahre und das Bestandsalter. Kennt man beide,
so findet man den Waldwerth unter Annahme eines Durchschnitts=
preises pro Festmeter von 10 Mark für das je 10. Jahr und
Zuwachsstufen von ganzen Metern direct aus der Tabelle. Auch
die Zwischenstufen lassen sich leicht berechnen. Kulturkosten werden
nach beigefügten Rechnungsgrößen abgezogen. Sehr einfach ergeben
sich endlich auch bei einem Waldbestande, der nicht normal bestockt
oder financiell ungünstig ist, die Zusätze, welche die zukünftigen
Aenderungen zur Berücksichtigung bringen. Die Wagenerschen Her=
leitungen zeigen, daß in der That die Praxis der Waldwerthberechnung
noch wesentlich vereinfacht werden kann.

Einen sehr umfangreichen Aufsatz über Waldwerthberechnung
bei Unterstellung ungleicher Zinsfüße für die verschiedenen Branchen
der Einnahmen und Ausgaben veröffentlicht Forstmeister E. Heyer
(F. Bl. pag. 1).

Der Bodenwerth des Nachhaltwaldes, wie ihn Forstmeister
Zenker berechnet, wird von Lehr=Karlsruhe auf die bekannte Formel
des Bodenerwartungswerthes zurückgeführt (v. S. C. Bl. pag. 21).

Forstmeister Stötzer untersucht die Richtigkeit des von Kraft
ausgesprochenen Satzes, daß man verschiedene Resultate für die
Umtriebszeiten erhält, je nachdem man den Theuerungszuwachs durch
die Rechnung als besondere Größe gehen läßt oder ihn von vorn=
herein von dem Kalkulationsprocente abzieht (Allg. F. pag. 35).

v. Fischbach macht (B. C. pag. 137) auf die wesentlichen
Unterschiede aufmerksam, die bezüglich der Berechnung des Nutzholz=
procents obwalten. Es ist nicht zulässig, die Zahlen über das Nutz=
holzausbringen der verschiedenen Staaten unmittelbar zur Vergleichung

zu benutzen, man muß stets erst untersuchen, aus welchen Faktoren das betr. Verhältniß sich gebildet hat. Wieviel Mühe das aber verursacht, weiß jeder, der sich einmal mit derartigen Dingen beschäftigt hat. „Deshalb erscheint es absolut geboten, bei deren Ermittelung durch ganz Deutschland nach einheitlichen Grundsätzen vorzugehen." Fischbach schließt daran eine Reihe von Vorschlägen. Die Discussion derselben ist dringend wünschenswerth, damit die Sache bald spruch=reif wird.

Eine interessante Berechnung des Durchschnittspreises, welcher für 80 und 120 jähriges Holz unter sonst ganz gleichen Bedingungen der Zeit und des Ortes pro Festmeter erzielt wurde, theilt Runnebaum=Eberswalde mit. Das 80 jährige erzielte 8,04 Mark, das 120 jährige 9,41 Mark (Da. Z. pag. 277).

4. Aus der forstlichen Geräthekammer.

(Waldbau.) Ein Keimproben=Apparat ist von der Firma Coldewe u. Schonjahn in Braunschweig construirt. Derselbe be=steht aus einem Wasserbehälter, einem thönernen Keimsieb und einem Filzdeckel mit Thermometer. Man füllt den Wasserbehälter bis zu $^3/_4$ und setzt das Sieb, das mit Samenkörnern gefüllt ist, ein. Die Körner stehen darin mit den Spitzen nach unten also der Wasserfläche zugeneigt, berühren diese aber nicht. Die Rücken der Samen werden mit einer Schicht anzufeuchtenden Sandes bedeckt. Der Filzdeckel schließt das Ganze ab.

Oberförster Praxa hat eine Saemaschine construirt, die für Kampsaaten geeignet ist. Sie beruht auf dem Prinzipe der Schöpf=räder, streut den Samen in Rillen und sorgt außer für Aussaat auch für die Unterbringung. (Oe. F. Z. 20.)

Forstinspector Ettinger construirte einen Setzstock zum Aussäen von Eicheln und Buchen. Abbildung und Beschreibung sind in Nr. 18 d. Oe. F. Z.

Ein neuer Eichelstecher wird vom Forstinspector Müller (Oe. F. Z. Nr. 25) beschrieben. Er besteht aus einer lancett=förmigen 15 cm langen und oben 8 cm breiten eisernen Schippe, welche, bei scharfer Spitze und schneidender Seite, nach der Mitte zu in einen $1\frac{1}{2}$—2 cm starken Rücken sich verdickt.

Ein Pflanzenabstandsbezeichner ist Oe. F. Z. Nr. 39 abgebildet. Er besteht aus einer Walze, in die je nach der Weite des Abstandes Holznägel eingeschlagen werden. Beim Walzen drückt jeder Nagel sich in die Erde ein und markirt. Einen ähnlichen Apparat, von Krepler construirt, brachte die Nr. 41.

Eine Maschine zum Vorschulen junger Nadelholzpflanzen hat Forstadjunct Hacker erfunden. Sie ist in v. S. C. Bl. pag. 433 beschrieben, kostet 50 Gulden und ist durch den Erfinder, welcher zu Rothhof bei Tabor wohnt, zu beziehen. Die Verschulung geschieht so, daß eine Reihe von Pflanzen in die Einschnitte eines Lineals gehängt wird und dieses dann mit den Pflanzen sich niedersenkt, so daß es auf dem Rande des Pflanzgräbchens ruht. Die Wurzeln hängen an der senkrechten Wand und werden durch die Oeffnung des nächsten Gräbchens mit Erde bedeckt.

(Forstbenutzung.) Um das Besteigen von Bäumen in sicherer Weise bewerkstelligen zu können, hat Communalrevierverwalter Eck in Gera (Reuß) einen Apparat construirt, welcher von Jedermann leicht und bequem mitgeführt werden kann. Beschädigungen, wie solche die außerdem sehr unsicheren Steigeisen hinterlassen, sind ausgeschlossen.

Eine Wurzelrodemaschine ist von Krampff in Memel construirt. Sie besteht aus einem Balkendreifuß, der über den Stock gestellt wird. In der Spitze des Dreifußes hängt die Hebevorrichtung, bestehend aus Arbeitshebel und einem Flaschenzug mit Zahnrad. Der Apparat kostet 200 Mk., wiegt 257 kg und kann einen Zug von 400 Ctr. Kraft entwickeln. (Oe. F. Z. Nr. 38.)

Amerikanische Sägen sind von Lorey (Allg. pag. 82) und Weise (Da. Z. pg. 560) bezüglich ihrer Schnittfähigkeit probirt mit dem Resultat, daß die von L. angewendeten etwas hinter den Anforderungen an eine gute Säge zurückblieben, die von W. gebrauchten dieselben überstiegen.

(Holzmeßkunde.) Vom Forstgeometer Pfister ist eine Zuwachsuhr construirt, die von Böhmerle-Wien beschrieben wird. Die Idee ist, durch eine Hebelvorrichtung die Zunahme des Umfanges derart zu vervielfachen, daß sie in den Bewegungen eines

Zeigers deutlich sichtbar wird. Auf erhobene Einwände in der Oe. F. Z. hat Pf. seine Uhr so konstruirt, daß sie auf die Durchmesserzunahme reagirt. (v. S. C. Bl. pag. 83.)

Neue zweckmäßig hergerichtete Zuwachsmeßstäbe hat v. Baur durch Mechanikus Vogler zu München anfertigen lassen. Die Beschreibung derselben ist außer in der dritten Auflage der Holzmeßkunde auch im Centralbl. pag. 203 gegeben.

Arbeitsresultate über die selbstregistrirende Reuß'sche Kluppe werden vom Oberförster Wenderoth mitgetheilt. (Allg. F. pg. 143).

Drei neue Höhenmesser sind beschrieben, der erste ist von Matthes im Thüringischen Forstverein vorgeführt und in dem Referat über die Verhandlungen Da. pag. 532 auch oberflächlich beschrieben. Den zweiten construirte Forstmeister Klaußner. Die Beschreibung finden wir in v. B. C. pag. 485. Der Preis ist 50 Mk., in vereinfachter Form 40 Mk.; wird eine Vorrichtung zum Messen der in beliebiger Höhe befindlichen Durchmesser beigegeben, so erhöht sich der Preis um 20 Mk., soll er auch zum Abstecken rechter Winkel benutzt werden um weitere 5 Mk. Ein Apparat mit allen Anhängseln kostet 70 Mk. Der dritte ist von Forstmeister Rotter und besteht aus einer sehr fein gearbeiteten Kluppe, die beim Gebrauch am Stehenden auf ein Stativ aufgesetzt wird. Ihre Arme sind durch Schraubenvorrichtung vertical beweglich und mit Dioptern versehen. (Oe. F. Z. Nr. 24.) Dem Forstvermessungswesen steht mit Einführung der zerebotanischen Instrumente eine Umgestaltung und wesentliche Abkürzung des ganzen Verfahrens bevor.

5. Aus der Gesetzgebung.

Selbstständige Werke (excl. Holzzoll):

a. Das preußische Gemeinheits- und Forstentheilungs-Verfahren und das Verfahren der wirthschaftlichen Zusammenlegung der Grundstücke, der Ablösung der Servituten und Fischerei-Berechtigungen, sowie der Bildungen von Schutzwaldungen und Waldgenossenschaften. Von einem höheren practischen Beamten. Neuwied. Heuser.

b. Schneider, die Landesculturgesetzgebung des Preuß. Staates (excl. Hannover). Berlin, Parey.

c. **Solms**, Forstdiebstahlsgesetz vom 15. April 1878 und Forst= und Feldpolizei=Gesetz vom 1. April 1880. Berlin, Kortkampf.

d. **Walbaum**, das Verfahren in Theilungs= und Verkoppelungs= sachen und die Gesetze über Verkoppelung, Aufhebung von Weiderechten, die Abstellung der auf Forsten haftenden Berechti= gungen und die Forsttheilungen in der Provinz Hannover. Hannover, Helwing.

e. **Kohli**, das Gesetz betr. Verfahren in Auseinandersetzungsange= legenheiten vom 18. Februar 1880. Berlin, Vahlen.

f. **Die preußischen Forst= und Jagdgesetze** (Oehlschläger=Bern= hardt). 3. Band: Das Feld= und Forstpolizei=Gesetz vom 1. April 1880 von v. Bülow und Sterneberg. 3. Aufl. Berlin, Springer.

Die Versammlung deutscher Forstmänner in Coburg hatte im August 1882 die bekannte Resolution angenommen, daß eine Er= höhung des Zolls auf Rohnutzholz und auf vorgearbeitetes Nutzholz im Interesse der deutschen Waldwirthschaft dringend wünschenswerth sei. Das Präsidium war beauftragt, den Beschluß vollinhaltlich dem Reichskanzler zur Kenntniß zu bringen. Chronik (VIII pag. 54). In der preußischen Verwaltung war der Finanzminister mit dem Erträgniß der Forsten durchaus unzufrieden und die Verhandlungen über das Forstbudget ließen durchblicken, daß man in allen Kreisen darauf vorbereitet war, wenn der Coburger Beschluß Folgen nach sich zog. Niemand war daher auch überrascht, als am 11. Februar dem deutschen Reichstage der Gesetzentwurf betr. die Erhöhung der Holzzölle zuging. In demselben war eine Steuer vorgeschlagen von Mk. 0,30 für 100 kg Bau= und Nutzholz, wenn es roh oder blos mit der Axt vorgearbeitet ist. Für gesägtes oder auf anderem Wege vorgearbeitetes oder zerkleinertes Bau= und Nutzholz, für Faßdauben und ähnliche Säge= oder Schnittwaaren, auch ungeschälte Korbweiden und Reifstäbe sollte der Zoll hingegen für das gleiche Gewicht Mk. 0,70 betragen. Der Festmeter wurde als 600 kg enthaltend angenommen, also mit dem Zoll von Mk. 1,80 resp. Mk. 4,20 be= legt. Eine Anmerkung sagte sodann, daß Mengen bis zu 50 kg, nicht mit der Eisenbahn eingeführt, für Bewohner des Grenzbezirkes vorbehaltlich Widerruf frei bleiben sollten.

In den Motiven zu diesem Entwurfe wurde constatirt, daß seit einer Reihe von Jahren die forstlichen Reinerträge nicht befriedigen. Von 1835 bis 1865 hatte sich der Reinertrag der preußischen Staatsforste von Mk. 3,23 auf Mk. 10,1 gesteigert, so daß also 22,9 Pfennige auf das Jahr kommen. Von da ab ist ein Rückgang eingetreten, der nur durch die Gründerjahre unterbrochen ist. 1879/80 war der Reinertrag auf Mk. 7,73 angelangt und ist von da wieder gestiegen. Hätte der forstliche Reinertrag sich gleichmäßig so weiter entwickelt, wie dies bis zum Jahre 1865 geschehen ist, so müßte derselbe gegenwärtig rund Mk. 14 pro ha betragen.

Als Grund der schlechten Verhältnisse wurde die Concurrenz des Eisens, der Mineralkohle und der Import von außerhalb angeführt. Den ersten beiden steht die Forstwirthschaft ziemlich machtlos gegenüber, dem dritten Grunde glaubt sie erfolgreich entgegentreten zu können. Seit 1865 ist die Concurrenz des fremden Holzes empfindlich geworden. Während bis 1865 einzelne Jahre einen Ausfuhrüberschuß nachweisen, ist der Einfuhrüberschuß nachdem Regel geworden und hat z. B. 1873 die Höhe von 29 Millionen Doppelcentner, 1878 die von rund 19 Millionen gehabt. Unter der Herrschaft der 1879er Zollgesetzgebung sind in den drei ersten Jahren zusammen noch 34 Millionen Doppelcentner mehr eingeführt als ausgeführt worden und darin wurde der Beweis gesehen, daß die Zölle nicht genügend schützen.

Die Motive behandelten dann eingehend die Frage, ob Deutschland den Nutzholzbedarf aus eigener Production decken könne. Der Beweis für die Bejahung wird in Folgendem gesucht: Gegenwärtig entfallen von dem Derbholzeinschlage der preußischen Staatsforste ca. 28 pCt. auf Nutzholz. Dieser Satz ist einer bedeutenden Steigerung fähig und zwar auf Kosten des Brennholzes. Aus Mangel an Absatz muß jetzt viel in's Brennholz geschlagen werden.

Schätzt man die durchschnittliche Production der Fläche des Waldes in Deutschland auf 2,5 Festmeter Derbholz, so würde bereits ein Aushalten von 34 pCt. als Nutzholz genügen, um die in den letzten Jahren importirte Masse zu decken. Dabei ist es nicht nöthig, der Qualität nach geringes Holz auf den Markt zu werfen.

Endlich wurde auch der Beweis geführt, daß die Forstwirthschaft allein aus dem Mehraushalten des Nutzholzes, ohne daß der

Preis desselben geändert wird, eine wesentliche Erhöhung der Rente erfahren, ja selbst bei einem durch das vermehrte Angebot hervorgerufenen Sinken der Preise noch eine Steigerung der Rente möglich und zu erwarten sein würde.

Sind bisher z. B. 100 Festmeter Derbholz ausgenutzt mit 20 Festmeter Nutzholz à Mk. 20 und 80 Festmeter Brennholz mit Mk. 6, so ist der Erlös Mk. 880; würden hingegen 30 Festmeter Nutzholz ausgehalten und zu Mark 18 verwerthet, der Rest als Brennholz zu Mk. 6 wie vorher, so ist der Erlös Mk. 960, also Mk. 80 höher, wie vorher.

Die Wirkung der vorgeschlagenen Zollerhöhung wurde dahin angegeben, daß die schwächeren, im Inlande im Ueberflusse erzeugten Stämme und geringen Brettwaren vom Import zurückgehalten würden. „Stärkeres Material, welches vermöge seines größeren Werthes den Zoll zu ertragen vermag, wird auch späterhin in einer dem Bedarfe völlig genügenden Menge eingeführt werden. Mit Sicherheit wird auf Steigerung der Waldwirthschaftserträge gerechnet, ohne daß erhebliche Vertheuerung des Holzes eintritt. Wahrscheinlich ist es, daß die Aufarbeitung von Stock- und Reisholz verstärkt werden kann und eine Vermehrung der Arbeitsgelegenheit für die ärmere Volksklasse in Aussicht steht. Der Durchfuhrhandel leidet voraussichtlich keine Schädigung, der Transport des Holzes auf den Bahnen wird zunehmen, die Einnahmen an Zöllen unter Minderung der Kosten für die Zollerhebung keinen Ausfall erleiden und der inländischen Industrie das erforderliche Rohmaterial nicht fehlen."

Das war der wesentliche Inhalt der Motive. Das Gesetz sollte bereits mit dem 1. April d. J. in Kraft treten.

In dem Lager des Schutzzolles wie des Freihandels war man sich bewußt, daß das Schicksal des Gesetzes nur nach harter Debatte sich entscheiden würde. Man brachte daher zur Beurtheilung der Frage möglichst viel Material zusammen.

Für den Zoll erschienen:

1. Die deutschen Nutzholzzölle, eine Waldschutzschrift von Dr. Danckelmann. Berlin. J. Springer.

2. Die deutsche Forstwirthschaft. Separatabdruck aus den politischen Blättern. Berlin. R. Pohl.

3. Der Stand der Holzzollbewegung. Vortrag gehalten von Prof. G. Richter in Tharand. Dresden. Schönfeld.

Gegen denselben wurden publicirt:

4. Die deutschen Holzzölle und deren Erhöhung von Prof. Dr. Lehr. Frankfurt a. Main. Sauerländer.

5. Der Holzzoll von Rittergutsbesitzer Sombart. (Berlin. Rosenthal.)

6. Die Erhöhung der Holzzölle. Kritische Untersuchung von Dr. Th. Barth. Berlin. Simion.

7. Die deutschen Holzzölle vor 1865. Ein Beitrag zur Characteristik der neuesten Wirthschaftspolitik und ihrer Vertreter von M. Brömel. Berlin. Simion.

Mit gleichem Eifer arbeitete die Tagespresse und mit allgemeiner Spannung sah man den Tagen der ersten Lesung des Gesetzes entgegen. Sie fand am 3. und 4. April statt. Zum officiellen Vertheidiger der Vorlage war Oberforstmeister Dr. Danckelmann berufen.

Die Lesung endigte mit dem Resultat, daß das Gesetz mit 136 Stimmen gegen 135 an eine Commission verwiesen wurde.

Bei den Berathungen innerhalb derselben wurden die eichenen Faßdauben in rohem Zustande, ebenso ungeschälte Korbweiden und Reisenstäbe in die Zollklasse 0,30 Mk. für 100 kg eingesetzt, einige genauere resp. erweiterte Kennzeichen für die zutreffenden Hölzer aufgenommen und die Termine für das Inkrafttreten des Gesetzes anderweitig festgesetzt.

So kam die Vorlage am 8. Mai zur zweiten Berathung und fiel in dieser in namentlicher Abstimmung mit 178 Nein gegen 150 Ja.

6. Aus der Verwaltung.
Selbstständige Werke:

a. Schlieckmann. Handbuch der Staatsforstverwaltung in Preußen. Berlin. Grote.

b. Marchet. Die rechtliche Stellung des land- und forstwirthschaftlichen Privatbeamten in Oesterreich. Wien. Hitschmann.

c. Hue de Grais. Handbuch der Verfassung und Verwaltung in Preußen und dem deutschen Reiche. 2. und 3. Auflage. Berlin. Springer.

d. Martin. Die Forstwirthschaft des isolirten Staates und ihre
Beziehungen zur Praxis.

e. Grunert. Der preußische Förster. 2. Auflage. Trier. Lintz.

f. Albert. Lehrbuch der Forstverwaltung.

Die bevorstehende Neuorganisation der Bairischen Forstverwaltung
ist aus dem Stadium des ersten Werdens herausgetreten und hat in
den Grundzügen eine klare Gestaltung angenommen. Finanzminister
Dr. Riedel gab im Landtage darüber folgende Aufklärung (v. B.
C. Bl. pag. 586): Die Regierung hält jetzt den Zeitpunkt der
Durchführung einer anderweiten Organisation für gekommen, nach=
dem der erste Schritt, die Ordnung des forstlichen Unterrichts, in be=
friedigender Weise gethan ist. Als Richtpunkte der Reformen sind
einerseits gründliche und systematische Verbesserung der Verwaltung
in wirthschaftlicher und commercieller Hinsicht und andrerseits die Be=
rücksichtigung der berechtigten Klagen des Personals ins Auge gefaßt.
Daneben wird daran festgehalten, daß trotz der Verbesserung der
bisherige Aufwand nicht nur nicht überschritten, sondern erhebliche
Ersparungen am Personaletat erreicht werden. Die Regierung geht
hierbei von folgenden Grundgedanken aus: 1) die wissenschaftlich ge=
bildeten Forstgehilfen sollen nicht mehr zum Forstschutz verwendet
werden, 2) die Forstamtsassistenten werden ganz beseitigt, 3) die bis=
herigen Reviere werden umgebildet, um Lokalforstverwaltungen herzu=
stellen, welche zum Theil mit einem Amtsvorstand, zum Theil von einem
„exponirten" Assessor besetzt werden. Die Forstämter werden ganz auf=
gelöst und bei der Kreisregierung eine Forstinspection gebildet, deren
Vorstand den Rang des Oberforstraths hat. Für die Forstschutz=
bediensteten werden die Anforderungen an Vorbildung herabgesetzt.
Die Laufbahn erhält aber 4 Stufen, nämlich Forstaufseher und Ge=
hilfen, Forstwarte und Förster. In die letzte, mit dem höchsten Ge=
halte ausgestattete, rücken diejenigen ein, die sich im Dienste ausge=
zeichnet haben. Von den jetzt bestehenden 538 Revieren werden
178 aufgelöst, so daß in Zukunft 360 Lokalverwaltungen bleiben.

Für die Durchführung der Organisation sind 5—6 Jahre in
Aussicht genommen.

In Coburg=Gotha ist unter dem 1. Juli eine neue Dienst=
Instruction publicirt, wonach sich die Geschäftsthätigkeit sämmtlicher

herzogl. Forstbeamten des Verwaltungsdienstes regelt. Diese Zu=
sammenfassung bezweckt, jeden einzelnen Beamten, möge er bei der
obersten Forstbehörde angestellt sein und kommissarisch mit der
Inspection und Kontrolle betraut werden, oder als leitender Forst=
bezirksverwalter Anordnungen zu treffen oder als Unterbeamter den
Weisungen nachzugehen haben, gleichmäßig mit den Anforderungen ver=
traut zu machen, welche das Staatsministerium an die Lokalbehörde
stellt. Specialinstructionen giebt es nicht mehr. (Allg. F. pag. 386.)

In Oesterreich ist eine wesentliche Veränderung insofern einge=
treten, als auch Privatforsttechniker zum forsttechnischen Personal
der politischen Verwaltung herangezogen werden können. Dieses
besteht nach den neuen Bestimmungen 1) aus den Berufs=Technikern
und Forstwarten der politischen Verwaltung, 2) aus jenen Forst=
technikern der Staatsforstverwaltung, welche zugleich der politischen
Verwaltung zur Dienstleistung zugewiesen werden, 3) aus Privat=
Forsttechnikern, welche freiwillig die Ausübung bestimmter Functionen
als Ehrenamt übernehmen und daraufhin besonders verpflichtet
werden. Als solche Functionen sind namentlich genannt: 1) Die
politischen Behörden in der Ausübung der staatlichen Forstaufsicht,
der Handhabung der das Forstwesen betreffenden Gesetze und Ver=
ordnungen zu unterstützen und zwar insbesondere durch fachlichen Bei=
rath, durch unausgesetzte Beobachtung der forstlichen Zustände und
durch Anzeige der hierbei wahrgenommenen Gesetzwidrigkeiten, 2) Die
Forstcultur durch Belehrung der einer Unterweisung oder Anleitung
bedürftigen Waldbesitzer und durch Anregung zu fördern. (Allg.
F. 419. Oe. B.)

7. Aus dem Versuchswesen.

Selbstständige Werke:

a. Ganghofer. Das forstliche Versuchswesen. Band II. 1.
   Augsburg. Schmidsche Buchhandlung.

b. Mittheilungen aus dem forstlichen Versuchswesen Oesterreichs
   Neue Folge. Heft I. und II.

c. Dr. Em. v. Purkynê. Ombrometrische Beobachtungen. Prag.
   Calve.

d. **Müttrich.** Jahresbericht über die Beobachtungsergebnisse auf den forstlichen meteorologischen Stationen für 1881 und 1882. Berlin. Springer.

Es ist auf diesem Gebiete rüstig fortgearbeitet, gesammelt und gestritten. Die einzelnen Punkte sind bereits in dem Abschnitt aus Wirthschaft und Wissenschaft berührt worden. Der Verein der deutschen Versuchs-Anstalten hielt keine Versammlung ab, sondern sandte nur an die einzelnen Mitglieder die Uebersichten über den Stand der Versuchs-Arbeiten.

Ein Mahnruf an die forstlichen Versuchs-Anstalten ist seiner orginellen Anforderungen an die Vorstände der Stationen lesenswerth. (F. Bl. pag. 237.) Dem Verfasser wollen wir von Herzen wünschen, daß er bald eine leitende Stelle bei einer Versuchsstation einnehmen und dann seine Thesen in die Praxis übersetzen möge.

Oberforstmeister Grunert hatte 1882 das Versuchswesen einer Kritik unterworfen. Eine sehr heftige Antwort bringt v. B. Central-blatt pag. 83, leider anonym.

Das Versuchswesen in Baiern hat nun eine endgültige Orga-nisation erfahren. Es ist ihm danach zugewiesen, die intensive Pflege der forstwissenschaftlichen Forschung überhaupt und speciell die Mit-wirkung bei der wissenschaftlichen Feststellung der forstlichen Productions-verhältnisse des Königreichs Baiern, ferner die Ergänzung des rein theoretischen forstlichen Unterrichts durch practische Uebungen und Demonstrationen in den Laboratorien und Sammlungen, im Forst-garten und auf Excursionen, sowie die Anleitung zu selbstständigen Untersuchungen auf dem Gebiete der Forstwissenschaft und Wirthschaft. Die Versuchsanstalt tritt in geschäftliche Verbindung mit dem Verein der forstlichen Versuchsanstalten Deutschlands. Die innere Orga-nisation ist so getroffen, daß wir drei Abtheilungen finden: Die forstliche, die chemisch-bodenkundliche bez. forstlich-meteorologische und die forstbotanische. Jede wird von einem der forstlichen Professoren i. d. R. von dem Vertreter des einschlägigen Hauptfachs als Abtheilungsvor-stand selbstständig geleitet. Vorstand der forstlichen Abtheilung ist der Professor für Holzmeßkunde und forstliches Versuchswesen, als Mitglied und Beirath fungirt der Professor der forstlichen Productions-

lehre. Die Leitung des Gesammtinstituts besorgt der Anstalts=
vorstand, welcher auf die Dauer von 3 Jahren aus der Reihe der
für die Pflege des forstlichen Versuchswesens berufenen forstlichen
Professoren der Universität ernannt wird. Für die erste Periode
ist v. Baur als Vorstand, Gayer als Stellvertreter bestellt. Die
Mitglieder der Versuchs=Anstalten berathen kollegial über die inneren
Angelegenheiten der Anstalt, sowie über die Arbeiten, die sich auf be=
stimmte Pläne gründen und in das Gebiet mehrerer Abtheilungen
einschlagen. Jedem Mitgliede bleibt es außerdem anheimgestellt,
Gegenstände seines Fachs zur collegialen Besprechung zu bringen.
(Allg. pag. 136.)

Ueber die Organisation in Oesterreich erfahren wir, daß im
Anschlusse an die Resolutionen des österreichischen Forstcongresses
folgende Verfügungen getroffen worden sind: (Oest. V. pag. 189.)

Die Berathung der jeweilig nächsten Aufgaben des forstlichen
Versuchswesens wird in einer Fachconferenz stattfinden, bei der vor=
wiegend die Forstvereine vertreten sein sollen. Hierbei wird ein Be=
richt des Versuchsleiters über seine beendeten und noch laufenden
Arbeiten vorgelegt, sein Antrag über die zukünftigen Arbeiten gehört,
zur Discussion gestellt und das Votum dem Ackerbauministerium vor=
gelegt. Dort wird ein Comite für das forstliche Versuchswesen ge=
bildet, in dem durch Fachmänner vertreten sind: das forstliche
Versuchswesen als solches, die Staatsforstpolizei und die Staatsforst=
verwaltung. Das Comite beräth die principiellen Fragen betreffs
der Aufgaben des Versuchswesens, namentlich vorgedachtes Votum
und macht Durchführungsvorschläge. Die Genehmigung ertheilt der
Ackerbauminister.

In Württemberg hat Professor v. Nördlinger die Stelle eines
ersten Vorstandes der Station niedergelegt. Für die Folge fungirt
nur Professor Lorey als Vorstand. Neben der Versuchsstation bleibt
die forsttechnische Werkstätte unter Leitung v. N.'s als selbstständiges
Universitäts=Institut bestehen und werden dort die Untersuchungen
namentlich über die technischen Eigenschaften der Hölzer fortgesetzt.

8. Aus der Statistik.

Selbstständige Werke:

a. v. Hagen, Die forstlichen Verhältnisse Preußens. 2. Aufl. bearbeitet von Donner, Oberforstmeister. Berlin, Springer.

b. Preußens landwirthschaftliche Verwaltung 1878—1880. Berlin. Parey.

c. Statistische Nachweisungen aus der Forstverwaltung Badens. Karlsruhe, Müller.

d. v. Berg, Mittheilungen über die forstlichen Verhältnisse in Elsaß-Lothringen. Straßburg, R. Schultz & Comp.

e. Tafeln zur Statistik der Land- und Forstwirthschaft Böhmens. Prag, Calve in Commission.

f. v. Rössing, Die forstlichen Verhältnisse des Herzogthums Anhalt.

g. Resultate der Forstverwaltung im Reg.-B. Wiesbaden. Jahrgang 1882. Wiesbaden. Bechtold.

Wer die Verhandlungen über die Holzzoll-Vorlage liest, wird, ob Gegner oder Freund derselben zugeben müssen, daß überall der Mangel einer Forststatistik sich geltend machte. Die Statistik ist und bleibt nun einmal die Grundlage aller Wirthschaftspolitik und immer wird es sich rächen, wenn man dieses Fundament nicht zuerst legt. Man hätte auch wohl meinen sollen, daß der Eindruck, den das Scheitern der Vorlage machte, stark genug hätte sein können, um für die Organisation der Statistik einen neuen Impuls zu geben. Es ist immerhin möglich, daß dem so ist, an die Oeffentlichkeit ist jedoch nichts darüber gedrungen.

Im oesterreichischen Forstcongreß wurde eine Reihe von Anträgen betr. die Organisation der Statistik angenommen. Sie bezogen sich hauptsächlich auf die Aufnahmezeiten und Intervalle, die Gegenstände der Erhebung, die Organe, denen die Ausführung zu übertragen ist, und die Publication der Arbeiten. Die Aufgabe der Statistik wurde gesehen in der methodischen Erhebung und systematischen Darstellung derjenigen Daten auf dem Gebiete des Forstwesens, welche eine öffentlich administrative Bedeutung haben. Neben der ziffermäßigen Erhebung ist nach Umständen auch die Erforschung gewisser Gesetzmäßigkeiten und des ursächlichen Zusammenhangs der statistischen Massenerscheinungen eine weitere Aufgabe der Statistik. Die Statistik hat den Zweck, die rationellen Unterlagen für die forstliche Gesetzgebung und öffentliche Forstverwaltung zu geben.

Die betr. Verhandlungen sind in der Oe. V., in v. Seck. C. Bl. und der Oe. F. Z. gegeben resp. besprochen.

9. Aus dem Forstunterrichtswesen.

Selbstständige Werke:

a. Westermeier, Leitfaden für das preußische Jäger= und Forst= examen. 4. Auflage.

b. Müller, Leitfaden zur Einführung der Lehrlinge in das Forst= und Jagdwesen. Münden, Augustin.

c. Henschel, Der Forstwart, Lehrbuch der wichtigsten Hilfs= und und forstlichen Fachgegenstände zum Selbststudium und zu Unter= richtszwecken für Mittelschulen. Wien, Braumüller.

d. Ponetz, Anfangsgründe des forstlichen Wissens. 3 Theile. 1. Waldbau. 2. Forstschutz. 3. Forstbenutzung. Prag, Rziwnatz.

e. Ebermayer, Die Lehren der Forstwissenschaft. 3. Auflage. Berlin, Springer.

f. Jahresbericht der Forstschule zu Eulenberg. Omütz, Forstschulverein.

g. Heß, Dr., und Urich, Zwei academische Festreden. Gießen, Ricker.

h. Fischbach, Der Wald und dessen Bewirthschaftung. Stuttgart, Ulmer.

Für die Ausbildung und Prüfung der Anwärter für den Preußischen Verwaltungsdienst ist unter dem 1. August ein neues Regulativ erlassen. Die wesentlichsten Unterschiede gegen das alte bestehen darin, daß für den Eintritt in die Laufbahn eine unbedingt genügende Censur in der Mathematik gefordert wird, und ein Zeugniß, daß die Feld=Dienstfähigkeit keinem Zweifel unterliegt. Die Lehrzeit ist einjährig geworden, das Studium auf der Akademie auf 4 Semester gekürzt, dafür aber obligatorischer einjähriger Universitäts= besuch hinzugefügt. Das practische Biennium ist in Stationen ein= getheilt, um eine vielseitigere Ausbildung der Aspiranten zu sichern.

Am Schlusse des Studiums wird das Referendarexamen, an dem des Bienniums das Forstassessorexamen abgelegt. Die Titel Kandi=daten sind — wie hierauf auch in Elsaß=Lothringen — gefallen und dafür die eines Forstreferendars und Forstassessors eingeführt (Jahr=buch pag. 337, 304). Hiermit in Verbindung steht eine Verschiebung der Rangverhältnisse, Diäten und eine Aenderung des Uniform=reglements (Das. pag. 307, 353).

Das Regulativ über Ausbildung für die unteren Stellen des Preußischen Forstdienstes ist dahin abgeändert, daß das Jägerexamen nicht mehr im ersten. sondern im dritten Jahre abgehalten wird. Bei Feststellung der Anciennität kann dadurch der militärischen Aufführung und dem Verhalten der bestandenen Jäger während des zu einer festen Organisation gediehenen forstlichen Unterrichts ein größerer Einfluß eingeräumt werden als bisher. Die Lehrzeit ist für diejenigen Lehrlinge, welche vor Beginn des 17. Lehrjahres in die Lehre treten, grundsätzlich eine 3jährige geworden. (J. B. pag. 299.)

In Oesterreich ist das s. g. Lehrjahr dem Ausbildungsgange der Staatsdienst=Anwärter, welche vom October 1884 an in die Forstlehranstalt eintreten, beigefügt und wird von allen mit Schluß des Sommersemesters 1883 abgegangenen und fernerhin abgehenden Studirenden die Ablegung der 1881 eingeführten theoretischen forst=wirthschaftlichen Staatsprüfung an der Hochschule für Bodencultur gefordert.

Die Verlegung des forstlichen Unterrichts in Baden von Karls=ruhe nach Freiburg hat in Folge der noch aus 1882 stammenden An=regung in der Literatur weitere Erwähnung und Besprecher gefunden. (v. B. C. pag. 71.) In der That ist die Sache innerhalb der für die Entscheidung competenten Kreise nicht zu ernstlicher Erwägung genommen und wird nach wie vor die Verbindung der Forstschule mit dem Polytechnicum bestehen bleiben. Eines zweiten Aufsatzes, worin die Verlegung des forstlichen Unterrichts an die Universität mit sieben obligatorischen Se=mestern, wie für die Finanztechniker als »conditio sine qua non« betrachtet werden muß, sei aber doch gedacht (v. Baur C. pag. 509).

In Mecklenburg=Schwerin ist eine neue Verordnung über die Ausbildung und Anstellung des Forstpersonals erschienen. Der Forst=dienst zerfällt demnach in den Schutzdienst und in den Forstverwaltungs=

dienst. Für den Schutzdienst ist eine dreijährige Lehrzeit verlangt, an deren Schluß eine theils schriftliche, theils mündliche Prüfung statt=findet. Das Bestehen derselben berechtigt zu dem Titel Revierjäger und zur Eintragung in die allgemeine Anciennitätsliste. Für den Ver=waltungsdienst wird die Revierförster= und die Inspectionsbeamten=laufbahn unterschieden. Für den Eintritt in erstere genügt die Reife für Prima von einem Gymnasium oder einer Realschule I. Ordnung. Die Carrière beginnt mit einer mindestens einjährigen Lehrzeit und Ablegung der Elevenprüfung am Schlusse derselben. Sodann muß ein voller Cursus auf einer höheren Forstlehranstalt oder einer mit forstwissenschaftlichen Lehrstühlen ausgestatteten Universität durch=gemacht sein. Nach Beendigung der Studien ist die theoretische Prüfung abzulegen, deren Wiederholung nur einmal zulässig ist. Es folgt ein praktisches Biennium und dann die zweite, sog. praktische Prüfung. Nach bestandenem Examen erhält der Eleve den Titel Forstcandidat, wird in die Anciennitätsliste eingetragen und vereidigt. Zum Eintritt in die Forstinspectionslaufbahn ist das Zeugniß der Reife von einem Gymnasium oder einer Realschule I. Ordnung erforderlich, die Absolvirung der Prüfungen, die für den Revierförster vorgeschrieben sind, ein einjähriges Studium auf der Universität in Rechts= und Cameralwissenschaften, die Qualification zum Reserve=offizier, Subsistenzmittel bis zur Anstellung, einjährige praktische Be=schäftigung bei einem Dominialamte auf desfallsige Anordnung des Cameral= und Forstcollegii, endlich die Absolvirung der höheren Prü=fung. Ein Anspruch auf Zulassung zu dieser Prüfung wird durch Er=füllung der Vorbedingungen nicht erworben, vielmehr haben die Forst=candidaten abzuwarten, ob sie, je nach dem Bedürfnisse des Dienstes und ihren eigenen Leistungen, zur Ablegung derselben aufgefordert werden. Nach bestandener Prüfung wird der Forstcandidat aus der Liste dieser gestrichen, erhält den Titel Forstassessor und wird in deren Liste notirt. Der Beförderung zum Inspectionsbeamten muß in der Regel eine dreijährige Anstellung in der praktischen Verwaltung als Revierförster vorausgehen. Ein Recht auf Beförderung zum Forst=inspectionsbeamten wird nicht gewährt, vielmehr bleibt solche von der ganzen Führung und Tüchtigkeit des Forstassessors und der besonderen Bestimmung des Großherzogs abhängig.

6*

Endlich muß noch hervorgehoben werden, daß solche Avancirte der Verwaltungslaufbahn, welche die theoretische oder die praktische Prüfung nicht bestehen, auf Grund der Elevenprüfung nachträglich in die Liste der Revierjäger eingetragen werden können.

Aus Reuß j. L. wird berichtet (Allg. F. pag. 244), daß daselbst ein neues Regulativ über den Ausbildungsgang der Verwaltungs=beamten erlassen ist. Demnach wird von den Anwärtern nach be=standenem Abiturium eine mindestens sechsmonatliche practische, auch außerhalb des Fürstenthums abzuleistende Vorbereitung im Walde gefordert, dann anschließend der Besuch einer Forstlehranstalt, deren voller Cursus mindestens 5 Semester umfaßt. Es wären demnach die preußischen Akademien nach ihrer jetzigen Verfassung ausgeschlossen. Zwischen dem am Schlusse der Studienzeit abzulegenden Examen und dem Staatsexamen liegen 3 Jahre, in die aber die Militärzeit ein=gerechnet wird. Während dieser Zeit hat der Anwärter seine practische Ausbildung zu betreiben. Das Staatsexamen wird vor der Kgl. Sächs. Prüfungs=Kommission für den höheren Staatsforstdienst ab=gelegt.

Für das eidgen. Polytechnikum zu Zürich ist ein neues Regu=lativ für die Aufnahme von Schülern und Zuhörern angenommen. Es unterscheidet sich von dem alten in der Forderung, daß der An=gemeldete das 18. Altersjahr zurückgelegt hat, während früher das 17. galt, ferner in der Einführung einer einheitlichen Aufnahme=prüfung für alle Abtheilungen des Polytechnikums. (Schw. Z. pag. 24.)

Am 1. October 1883 ist eine k. k. Forstwartschule in Bolechow (Galizien) eröffnet. Die Schule ist zur Vorbildung von jungen Männern für den forstlichen Hilfs= und Schutzdienst aus Staats=mitteln errichtet.

Ein neunwöchentlicher Lehrcurs zur Heranbildung eines tüchtigen Forstschutzpersonales ist unter Leitung des k. k. Forstcommissärs Werner in Bregenz abgehalten. Angemeldet waren dreißig Personen, zum größten Theile Gemeindewaldaufseher.

Ueber die Frequenz der forstlichen Lehranstalten können wir folgende Mittheilungen bringen:

Eberswalde: im Sommer 216 Studirende, darunter 193 An=wärter für den Preuß. Staatsdienst; im Winter 147 resp. 127.

Münden: im Sommer 120 Studirende, darunter 103 für den Preuß. Staatsdienst; im Winter 88 resp. 69.

München: im Sommer 101 Studirende, darunter 57 Baiern; im Winter 115 resp. 60. Die Baiern sind sämmtlich als Anwärter für den Staatsdienst zu betrachten.

Aschaffenburg: im Sommer 78 Studirende, darunter 62 Anwärter für den Staatsdienst; im Winter 86 resp. 61.

Tübingen: im Sommer 50 Studirende, darunter 43 Anwärter für den Staatsdienst; im Winter 46 resp. 42.

Tharand: im Sommer 98 Studirende, darunter 40 Anwärter für den Staatsdienst; im Winter 132 resp. 59.

Gießen: im Sommer 38 Studirende, darunter 5 Nichthessen; im Winter 44 resp. 5.

Karlsruhe: im Sommer 13 Studirende, im Winter 10.

Eisenach: im Sommer 80 Studirende, im Winter 78.

Zürich: im Schuljahr 1882/3 betrug die Zahl der Studirenden 32, darunter 2 Ausländer.

An der Hochschule für Bodencultur in Wien waren 522 Studirende für das Studienjahr 1882/3 immatriculirt, davon 262 Landwirthe, 260 Forstwirthe unter letzteren 241 ordentliche und 19 außerordentliche Hörer.

10. Vereinswesen und Ausstellungen.

Wie in den früheren Jahren, so ist auch 1882 und 1883 Bericht über die Sitzungen der Vereine erstattet. Wir machen darauf aufmerksam, daß der Judeich-Behm'sche Forstkalender pro 1884 pag. 26—30 Nachrichten über die Vereine Deutschlands, Oesterreich-Ungarns, der Schweiz und der russischen Ostseeprovinzen bringt. Die Redaction beabsichtigt dieses fortlaufend zu thun und kann mit Rücksicht auf die allgemeine Verbreitung des Kalenders die Chronik auf die Wiedergabe der Nachrichten wohl verzichten.

Die Versammlung der deutschen Forstleute trat unter den alten Satzungen in Straßburg zusammen. Wäre es das letzte Mal gewesen, es hätte kein besserer Abschluß gefunden werden können, als ihn die

Geschäftsführung bereitet hatte. Die Aenderungen der Statuten kamen aber nicht zur Verhandlung und so werden wir auch im nächsten Jahre in Breslau unter der alten Fahne tagen. Ein Entwurf zu den Satzungen des deutschen Reichsforstvereins ist vom Oberforstmeister Tilmann ausgearbeitet und in Da. Z. pag. 209 abgedruckt. Uebrigens sind die Aussichten, daß ein Reichsforstverein im Tilmannschen Sinne zu Stande kommt, gering, da fast alle Local-Forst-Vereine eine sehr reservirte oder ausgesprochen ablehnende Haltung eingenommen haben.

Der Harzer Forst-Verein beschloß definitiv nicht mehr alljährlich, sondern alternirend mit dem Hils-Solling-Verein zu tagen.

In Hannover hat sich ein provincieller Forstverein unter der Firma Verein zur Aufforstung von Oedländereien und zur Förderung der Forstwirthschaft für die Provinz Hannover gebildet.

Auf dem österreichischen Forstcongreß waren 19 Vereine und Landwirthschaftsgesellschaften durch Delegirte vertreten, Tirol jedoch nicht, obwohl gerade die Tiroler Hochwasserschäden und die Mittel ähnlichen Vorkommnissen vorzubeugen einen wesentlichen Punct der Verhandlungen ausmachten.

Der Rechnungsabschluß für das dritte Rechnungsjahr des Brandversicherungsvereins preußischer Forstbeamter weist eine weitere Entwickelung nach. Die laufenden Prämien sind auf 21688 Mark 62 Pf. gestiegen, in zinsbaren Papieren konnten 16 486 Mark 95 Pf. angelegt, an Brandentschädigungsgeldern 5919 Mk. 20 Pf. ausgezahlt werden. (F. B. pag. 87.) Die Vereinfachung des Anmeldungsformulars mag nochmals dringend empfohlen sein.

Auf der Landesausstellung in Zürich ist der Forstwirthschaft, zusammen mit Jagd, Fischerei und dem Alpenclub, ein eigenes Gebäude überwiesen gewesen. Auf der Westseite derselben lag ein kleiner Forstgarten, auf der Ostseite eine Korbweidenpflanzung. Die ausgestellten Gegenstände sollten dem Beschauer ein vollständiges Bild der schweizerischen Forstwirthschaft und der Mittel geben, welche zur Hebung und Förderung derselben angewendet werden. Das Ganze war nach 5 Gruppen geordnet: die erste und fünfte enthielt die Waldproducte, die Feinde derselben und halbverarbeitete Walderzeugnisse, die zweite Statistik, Karten, Wirthschaftspläne, die dritte die forstliche

Gesetzgebung und Literatur, die vierte die Meßinstrumente, Holzhauer-
und Culturwerkzeuge, sowie Transportanstalten (Landolt in v. S.
C. Bl. pag. 542).

In Prag fand im Mai eine land- und forstwirthschaftliche
Ausstellung statt, welche zwar nicht von vielen Ausstellern beschickt,
aber doch auf dem Gebiete des Forstculturwesens, des Forstschutzes,
der Betriebseinrichtung, dann der Holzbearbeitung und des Unterrichts-
wesens vorzüglich vertreten war. Oe. B. 290.

Auf der Landwirthschafts- und Gewerbeausstellung in Linz sind
Producte der Holzzucht und des forstlichen Betriebes und Haushaltes
ebenfalls zugelassen gewesen.

11. Aus der Literatur.

Die im vorigen Hefte bereits angekündigten Veränderungen in den
oesterreichischen Zeitschriften haben sich vollzogen. Die Monatsschrift
ist in eine Vierteljahresschrift umgewandelt. Dabei bleibt jedoch vor-
gesehen, daß unter Umständen, wenn nämlich eine raschere Publikation
mancher Abhandlungen, Berathungsergebnisse oder Mittheilungen
wünschenswerth ist, durch Ausgabe von Halbheften oder durch Be-
schleunigung der Redaction und Versendung dem Zeitbedürfnisse Rechnung getragen wird.

Die österreichische Forstzeitung hat durch eine reiche Abonnentenzahl bewiesen, daß eine wöchentlich erscheinende Schrift, die neben
wissenschaftlich gehaltenem Theil, auch den Erscheinungen des Handels
weiten Raum giebt und eine Fülle von kleinen Mittheilungen bringt,
recht gern gesehen ist. Die Bedenken, welche hier und da gegen das
Blatt auftauchten, sind damit am besten widerlegt.

Das Wiener Centralblatt erschien unter Redaction des Geh.
Reg. Prof. Dr. v. Seckendorff.

Die Handelsblätter für Holz und Holzindustrie erweisen sich
von Jahr zu Jahr mehr als wichtige Glieder in dem Organismus
unseres modernen Verkehrs und man kann nur wünschen, daß sie
eine möglichst weite Verbreitung auch in Beamtenkreisen finden und
bei diesen ein immer weiter gehendes Interesse für die Erscheinuugen

des Großmarktes hervorrufen. Welche bedeutende Abonnentenzahl die betr. Blätter unter den Holzkäufern finden, zeigt der Umstand daß die Inserate für Verkäufe vielfach gebührenfrei aufgenommen werden.

Der Character der Journalliteratur ist derselbe geblieben. Sie legt Zeugniße ab von dem regen wissenschaftlichen Streben auf allen Gebieten. Ein Vorwurf aber wird einzelnen Autoren mit vollem Rechte von vielen Seiten gemacht, daß sie im Streit oft gegen den parlamentarischen Ausdruck fehlen.

Folgende selbstständig erschienene Schriften, die den Forstmann interessiren, in den früheren Abschnitten aber noch nicht genannt sind, tragen wir zum Schlusse an dieser Stelle nach:

Botanik: a. Rob. Hartig, Untersuchungen aus dem Forstbotanischen Institut II. und III. Band. Die Abhandlungen werden künftig hauptsächlich in botanischen Zeitschriften erscheinen. (Allg. F. und J. pag. 406.)

b. Brefeld, Botanische Untersuchungen über Hefenpilze V. Heft. Die Brandpilze I. Leipzig. Felix.

c. Booth, die Naturalisation ausländischer Waldbäume in Deutschland. Berlin. Springer.

Zoologie: a. Wachtl. Die Weißtannen Triebwickler T. murinana und Steganoptycha rufimetrana und ihr Auftreten in Nieder-Oesterreich, Mähren, Schlesien.

b. Altum, Forstzoologie III. Insecten 2. Abth., Schmetterlinge, Haut-, Zwei-, Gerad-, Netz- und Halbflügler 2. Aufl. Berlin. Springer.

c. Altum und Landois, Lehrbuch der Zoologie 5. Aufl. Freiburg. Herder.

Mineralogie, Geognosie und Geologie: a. Lorenz von Liburnau, die geologischen Verhältnisse von Grund und Boden für die Bedürfnisse der Land- und Forstwirthe dargestellt. Wien. Braumüller.

b. Remelé, Untersuchungen über die versteinerungsführenden Diluvialgeschiebe des norddeutschen Flachlandes I. Stück, 1. Lieferung. Berlin. Springer.

Druck von A. Haack, Berlin NW., Dorotheenstr. 55.